絶妙な「数字で考える」技術

数学ギライで「数」に弱いあなたに

素早くざっくりとらえられる「数的センス」

理数系専門塾エルカミノ代表
村上 綾一

はじめに

　本書は、「数字がニガテ」「理系は何を考えているのかわからない」という方に向けて書いたものです。
　「数字なんてわからなくても……」が口癖の方に、ぜひ読んでいただきたいのです。きっと、世の中の見方が変わるはずです。

　実は、最初に書き上げた原稿は、ほぼすべて書き直すことになりました。「もともと数字自体に興味がないから、読んでも面白くない」という声がきっかけでした。
「よし、それなら、数字嫌いでも面白いと思う数字の話を書いてみよう」と考え、内容を一から練り直しました。
　その際、数字オタクにしかわからないような話はすべて削除し、次の3点を心がけて書き直しました。

1. 数字の世界を知ってもらいたい

　会計や財務などの難しい数字は後回しにしています。まずは、数字の世界を知ってください。「こういう風に考えるのか！」とわかった瞬間、数字の世界が広がります。

2. 数字知識の差を埋める

　若い人は数字知識が不足しています。これはセンスや才能の差ではなく、単純に経験の差です。

　そこで、「経験豊富な社会人なら知っている、でも若い人はなかなか知らない」という数字知識を優先して載せました。本書で知識を身に付け、実務を通じて自分のものにしてください。

3. 章ごとに独立した内容

　読みやすそうだと感じた章から読んでください。そのために、章によって数字の見方・内容をガラッと変えてあります。

　まずは、第1章「フェルミ推定」です。推定に推定を重ねて、さらに推定していく、**理系特有の理論構築を**、マイクロソフト社やグーグル社の入社試験を題材に紹介します。なんだか難しそうだと感じたら、先に第2章「日常生活を彩る数字」から読み進めてもかまいません。

　読み終えた後、「数字って面白いんだなあ」と感じていただければ幸いです。

　　　　　　　　　　　　　　　　　　村上　綾一

POINT もくじ

第1章　フェルミ推定〜数を組み立てる　　　　　11

シカゴにピアノ調律師は何人？　　　　　　　　　　　12
    仮定し、推定する
シアトルの窓拭きはいくら？　　　　　　　　　　　　16
    発想を変える
アメリカにガソリンスタンドは何軒？　　　　　　　　20
    推測しやすくする情報を持つ
日本に理容店と美容店は合わせて何軒？　　　　　　　24
    ざっくり分けて考える
宇宙人が存在する惑星は銀河系にいくつ？　　　　　　28
    ドレイクの方程式
    推定と矛盾

第2章　日常生活を彩る数字　　　　　　　　　　33

宝くじの当たる確率	34
割り勘をカンタンにする	36
複利計算は「72の法則」	38
西暦と平成は24時制の関係	40
ビッグマック指数	42
ベイズ推定	44
ガリレオが教えてくれる1メートルの測り方	46
宇宙カレンダー	48
これは便利？　フランスのかけ算	50
来てほしくないのになぜか多い？　13日の金曜日	52
正しく配分できている？　ドント式	54
ウインカーの点滅テンポにかくされた秘密	56
コオロギの鳴き声で気温を求める	58
素数ゼミ	60

第3章 数字に強くなる　　　　　　　　　　　63

おとなは数字が好き	64
3つに絞る、7つ以上集める	66

POINT

正確に違う数字、漠然と正しい数字	68
バースデーアタック	70
トヨタvs任天堂　1人あたりで考えると…	72
業界の基準数値をおさえておこう	74
80対20の法則	76
忘れない数字の覚え方	78
数字を魅せる5つの手法	80
エクスパック500　〜5つの手法①数字を具体的にする	82
メガマック　〜5つの手法②単位を作る・換える	84
ペヤング算　〜5つの手法③比べやすくする	86
開運！なんでも鑑定団　〜5つの手法④基準や指標をつくる	88
とにかくNo.1　〜5つの手法⑤数字でびっくりさせる	90
割合で都合の良い数字を作る	92
安らぎの数字・奇抜な数字	94
数値通りに動かない人間心理を読む	96
困ったときの黄金比	98

第4章 数的センスを磨くトレーニング　　101

ペットボトル飲料の原価は？　　102
　　キュウリ味のコーラ！？
ポイント還元の金額がズバリわかる！　　106
　　おおよその数を考えてラクになる
どちらが安い？　　110
　　個別かまとめるか？
　　消費税分サービス！？
ビル・ゲイツの時給はあなたと比べてどれくらい？　　118
　　身近な基準に換算し、比較する

第5章 ビジネス数字入門　　121

損益計算書　　122
貸借対照表　　125
割安株を見つけるPERとPBR　　128
投資効率を見るROEとROA　　130
市場価値を見積もる時価総額　　132
日経平均株価とTOPIX　　134
FXで儲ける！？為替差益　　136

第6章 数字はウソをつかないが、ウソつきは数字を使う　139

数字のウソに気付きますか？　　　　　　　　　　140
 巧妙な数字のウソ
 数字のウソを見破る
 見方を変えれば、数字のウソに気付く
マッカーサーと吉田茂　　　　　　　　　　　　148
年率と年平均にだまされるな！　　　　　　　　150
割合の盲点　　　　　　　　　　　　　　　　　152
必勝神話はあてにならない　　　　　　　　　　154

第7章 それでも計算が速くなりたい　157

計算は、速くなくても大丈夫。でも……　　　　158
足し算は引き算で考える　　　　　　　　　　　160
引き算は足し算で考える　　　　　　　　　　　162
足し算と引き算は左から計算する　　　　　　　164
瞬時に5倍する/5で割る方法　　　　　　　　　166
瞬時に11倍する　　　　　　　　　　　　　　168
よく見て分解する　　　　　　　　　　　　　　170
キリよく2段階に切り替える　　　　　　　　　172

かけ算は因数分解する	174
瞬時に□5×□5を計算する	176
かけ算は上げて下げる	178
割り算は同時に下げる	180
割り算は桁を同時に落とす	182
共通の友人を連れてくる	184

巻末付録　もっと知りたいあなたに　　187

「なぜ、そうなるのか」を知る　　188

　　ベイズ推定

　　振り子の等時性

　　フランスのかけ算

　　13日の金曜日

　　□5×□5

　　黄金比

カバーデザイン：オーク
本文イラスト：デザインパントス

第1章

絶妙な数字

フェルミ推定
～数を組み立てる

POINT
シカゴにピアノ調律師は何人？

　数字に強い人は、**仮説や推定を組み合わせて「およその数字」を見積もる**ことができます。
　このような力を試す問題を、物理学者エンリコ・フェルミにちなんで「フェルミ推定」といいます。

Q　シカゴにピアノ調律師は何人いますか？

　フェルミ推定の中で一番有名なのが、この調律師問題です。マイクロソフト社の入社試験でも、応用版が使われました（世界中にピアノ調律師は何人いますか？）。

　さて、どこから取り掛かればよいでしょうか。

　一見すると、つかみどころのない問題ですが、1つずつ吟味していけば、答えにたどり着きます。
　シカゴの人口を約300万人として考えてみてください。

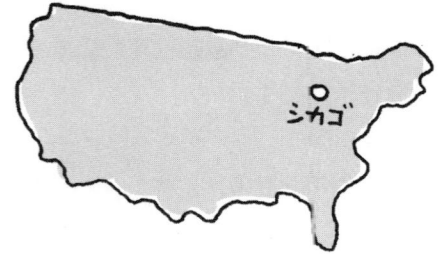

第1章 フェルミ推定 〜数を組み立てる

THINK! 仮定し、推定する

　フェルミ推定はあくまでも推定ですから、正しい答えがありません。

　答えよりも、答えに至る過程が大切です。ここでは、考え方の一例を挙げます。

① **初めに、世帯数を考えます。**
　アメリカも日本と同じく核家族社会です。1世帯あたりの人数は平均2〜3人でしょう。計算しやすくするため、3人とします。

② アメリカでのピアノ所有率は日本と同じであると仮定し、だいたい10世帯に1台程度と考えます。これでシカゴにある**ピアノ台数を推定**できました。

③ ピアノ1台の調律は平均して1年に1回程度であると考えると、**調律の年間需要**が計算できます。

④ この需要に対して、調律師1人は1年間に何台の調律ができるでしょうか。移動時間も加味すると、1日に調律できる数は3〜4台が限界。年間に200〜250日働くとすると、1年間に600〜1,000台と予想できます。

　これらから、シカゴにいる調律師の人数を「推定」します。

[仮定1] 1世帯の平均人数は3人

→ 300万 ÷ 3 = 100万より、世帯数は約100万世帯

[仮定2] ピアノ所有率は10世帯に1台

→ 100万 ÷ 10 = 10万より、ピアノ台数は約10万台

[仮定3] ピアノ1台の調律は1年に1回

→ 10万 ÷ 1 = 10万より、調律の年間需要は約10万台

[仮定4] ピアノ調律師は1年間に800台を調律する

→ 10万 ÷ 800 = 125より、シカゴの調律師は約130人

A 約130人

第1章 フェルミ推定 〜数を組み立てる

POINT
シアトルの窓拭きはいくら？

　前ページの問題はマイクロソフト社の入社試験でした。今回は、グーグル社の入社試験です。

 シアトルにあるすべての窓ガラスを洗浄する仕事を引き受けたとすると、あなたはいくら請求しますか？

　洗浄を依頼したであろう団体を想定し、その支払い能力に着目するのも手ですが、ここでは純粋に、洗浄コストから請求額を計算してください。

　「独占できるなら周辺ビジネスを狙って格安で受注する！」という案も我慢してください。「グーグルで検索する！」もダメです。

　なお、シアトルの人口は約60万人とします。

第1章 フェルミ推定〜数を組み立てる

余談になりますが、なぜ「シアトル」の窓なのでしょう。
「シアトルで起業したマイクロソフト社のウィンドウズを洗い流すには…」というジョークが込められているのかもしれません。

 **THINK! 発想を変える**

　すべての窓ガラスの数を求めるのは至難の業です。

　そこで発想を変えて、**シアトルの住民全員が洗浄に参加したとして、1人あたり何枚のガラスを洗浄すればよいか**を考えます。

① 自宅の窓ガラスは、1人あたり4枚前後が割り当てになるでしょう。
② 自家用車、バス、電車を考えます。
　自家用車の所有率は高いはずです。2人に1人は持っているとします。1台あたり窓ガラス6枚です。バスや電車などの公共の交通機関は1日に何往復もしていますから、人数に対する窓ガラスの数はかなり少なくなります。無視してよいでしょう。
③ 会社や学校など自宅以外の建物を考えます。シアトルが大都市であることを勘案すると、昼には人口の3倍近い人数がシアトル内の学校、会社、商業施設にいるはずです。昼間のある瞬間に全員が近くの窓を2枚洗浄すれば、すべてきれいにできそうです。
④ 1枚洗浄するのに表と裏で合わせて10分。報酬は時給1,000円とします。人件費を受注額の40％程度とすれば妥当な金額になるでしょう。

[仮定1] 自宅窓ガラスは1人あたり4枚
→ 4×60万 = 240万より、自宅窓ガラスは約240万枚

[仮定2] 自家用車は2人に1人が所有し、窓ガラスは1台あたり6枚
→ 6×(60万÷2) = 180万より、車の窓ガラスは約180万枚

[仮定3] 昼人口は約3倍で、窓ガラスは1人あたり2枚
→ 2×(60万×3) = 360万より、商業施設等の窓ガラスは約360万枚

[仮定4] 1枚洗浄するのに10分、時給1000円、人件費は40%とする
→ (240万+180万+360万)÷6×1000÷0.4
= 32億5000万より、約33億円

A 約33億円

アメリカにガソリンスタンドは何軒？

　フェルミ推定は、**数字を組み立てるセンスの有無を見極めやすいため**、コンサルタント系の就職試験でもよく出題されます。

　こうした問題を解くには、**数字に対するセンス、知識、発想の3つの能力**が必要です。

　これはつまり、あなたの日常のビジネスシーンでも必要とされる力なのです。

　さて、マイクロソフト社の創始者ビル・ゲイツが出題した奇問に、もう1つ取り組んでみましょう。調律師問題と同じく、マイクロソフト社の入社試験です。

Q　アメリカにガソリンスタンドは何軒ありますか？

　ガソリンスタンドの数を求めるには、まず、「ある数」を求めなければなりません。

第1章 フェルミ推定 〜数を組み立てる

推測しやすくする情報を持つ

真っ先に求める「ある数」とは、車の台数です。
① 自家用車の台数を求めます。
　前回の窓ガラス問題で自家用車の台数を求める際に、所有率を2人に1人としました。これは、日本での所有率が約40％であることを知っていると推測しやすくなります。アメリカは日本よりも所有率が高いでしょうから、50％と仮定します。そして、アメリカの人口を3億人として計算します。
② 自家用車以外にトラックやバスの台数も必要です。日本で運転していると3〜4台に1台はトラックやバスです。アメリカの輸送事情を考慮すると、その割合は日本よりも高いはずです。自家用車の半分くらいでしょうか。**日頃からの観察力、ある程度の一般常識を身につけておくと、推定の精度が上がります。**
③ 自家用車は1週間に1度、トラックやバスはほぼ毎日給油しているとして、1日の給油台数を求めます。
④ ガソリンスタンドは朝から晩まで営業し、車1台あたり5分で給油して、常に3台前後の給油機が稼動していると仮定します。

これらから、ガソリンスタンドの数を「推定」します。

| 仮定1 | 自家用車は2人に1人が所有

→ 3億÷2 = 1億5000万より、自家用車は
　　　　約1億5000万台

| 仮定2 | トラックやバスは自家用車の半分

→ 1億5000万台÷2 = 7500万より、トラック　バス
　　　　は約7500万台

| 仮定3 | 自家用車は1週間に1度給油、トラックや

バスは毎日給油する
→ 1億5000万÷7 + 7500万 = 9642万より、1日に
　　　　約1億台が給油する

| 仮定4 | ガソリンスタンドは車1台を5分で給油し、

給油機3台が15時間稼働している
→ 60÷5×3×15 = 540台より、1軒のガソリンスタンド
　　　　で1日に約500台給油する

1億台のうち約500台が1日に給油する
→ 1億÷500 = 20万より、約20万軒

◆　　約20万軒

日本に理容店と美容店は合わせて何軒？

POINT

　エンリコ・フェルミは1901年にローマで生まれ、1938年にノーベル物理学賞を受賞しました。その後、アメリカへ亡命し、コロンビア大学の教授になりました。

　大学では、「カラスは止まらないでどれくらい飛べるか？」「ジュリアス・シーザーが最後に吐いた息の中にある原子のうち、今その何個を呼吸しているか？」「世界中の砂浜にいくつの砂粒があるか？」といった質問を学生たちに投げかけていたそうです。先の調律師問題もその中の1つです。

Q　日本に理容店と美容店は合わせて何軒ありますか？

　前回のガソリンスタンド問題の考え方は、他にもいろいろと応用できます。

　その練習として、日本の理容店と美容店の合計数を求めてみましょう。

どこから手をつけて、どんな仮定を用意すればよいでしょうか。

第1章 フェルミ推定 〜数を組み立てる

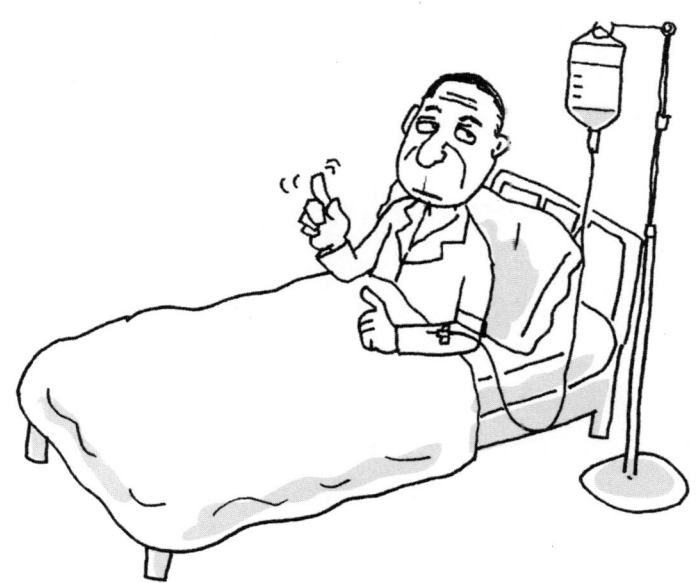

フェルミは死ぬ間際まで計算し続けたといわれています。癌に侵されて闘病生活中、病院で点滴を受けている間も、点滴の雫が落ちる間隔を計り、その栄養が体内を流れるスピードを計算していたそうです。

THINK! ざっくり分けて考える

　理美容店の利用回数の合計から推定します。

　日本人はどのくらいの頻度で髪を切るでしょうか。多い人だと1カ月に3～4回、少ない人だと年に数回程度のはずです。また、理美容店には行かず、家庭で切ってしまう人もかなりの人数になります。

　このように個人差が激しいので、**ざっくりと2種類に分けてしまいます。**

① 1つは理美容店をまったく使わない人で、人口の4分の1と考えます。
② もう1つは理美容店を使う人で、1カ月に平均1回利用すると仮定します。
③ 理美容店の従業員は、都市部だと1軒あたり5人前後はいるようですが、郊外だと1人で切り盛りしているお店も少なくありません。平均2人とします。
　従業員1人は、1日に6人の客を担当すると考えます。

　このように考えると、需要量と供給量との関係から、理美容店の軒数が「推定」できます。

仮定1 1億2000万人のうち、4分の1が理美容店で髪を切らない
→ 1億2000万÷4＝3000万より、理美容店で髪を切らない人は約3000万人

仮定2 残りの人が、1ヶ月に平均1回利用する
→ (1億2000万－3000万)÷1＝9000万より、1ヶ月の需要は約9000万回

仮定3 平均2人の従業員が1日に6人の客を担当する
→ 6×2×25＝300より、1ヶ月に約300人を担当する

1ヶ月の需要量は約9000万人分、

1ヶ月の供給量は1軒あたり約300人
→ 9000万÷300＝30万より、日本に理美容店は約30万軒

 約30万軒

宇宙人が存在する惑星は銀河系にいくつ？

　宇宙人は存在するのでしょうか。
　この疑問を同僚と議論していたフェルミは、人類と通信可能な高度文明を有する惑星の数を概算しました。

 宇宙人が存在する惑星（人類と通信可能な高度文明を有する惑星）は銀河系にいくつありますか？

　地球以外に、はたしていくつの文明が存在するのでしょうか。これまでと同様に、フェルミ推定で考えてください。

　この問題は、文系の皆さんには難しいかもしれません。
　というのも、前ページまでのような一般的な常識をもとにしたものではなく、科学的な知識が必要な問題だからです。
　そこをなんとか、考えてみてください。

第1章 フェルミ推定〜数を組み立てる

THINK! ドレイクの方程式

以下の数を推定します。

- 銀河系で1年間に誕生する恒星の数（R）
- 惑星を持つ恒星の割合（fp）
- 1つの恒星で生命体の存在が可能な惑星の平均個数（ne）
- その惑星のうち、生命が発生する割合（fl）
- その発生した生命が知的生命体へ進化する割合（fi）
- その知的生命体が恒星間通信を行う割合（fc）
- その恒星間通信が行われる年数（L）

これらをすべて掛け合わせると、人類と通信可能な高度文明を有する惑星の数を求めることができます。この計算を、ドレイクの方程式といいます。

THINK! 推定と矛盾

右の計算から、銀河系には、人類と通信可能な惑星が約100個、存在すると考えられます。

しかし実際には、人類にコンタクトしてきた生命体は存在せず、銀河系には人類しかいないように見えますよね。

この矛盾を**フェルミのパラドックス**といいます。

ドレイクの方程式

$$N = R \times f_p \times n_e \times f_l \times f_i \times f_c \times L$$

（N：人類と通信可能な高度文明を有する惑星の数）

仮定 $R=10$、$f_p=0.5$、$n_e=2$、$f_l=1$、$f_i=0.1$、$f_c=0.1$、$L=1000$ と仮定する

→ $10 \times 0.5 \times 2 \times 1 \times 0.1 \times 0.1 \times 1000 = 100$ より、

人類と通信可能な高度文明を有する惑星の数は

約100個

A　約100個

ドレイクの方程式やフェルミのパラドックスについて詳しく知りたい方は、『広い宇宙に地球人しか見当たらない50の理由』（スティーヴン・ウェッブ著、松浦俊輔訳、青土社）をぜひ読んでみてください。

フェルミ推定、いかがでしたか？

　冒頭でも述べたように、答えが大切なのではありません。**答えに至る過程が大切**です。

　また、推定を元にさらに推定していくので、人によっては異なる答えが出てくることもあります。その場合、**過程が論理的に正しければＯＫ**です。

　次の章では、身のまわりの数字に注目してみます。

第2章 絶妙な数字

日常生活を彩る数字

宝くじの当たる確率

　20年近く前、竹下登内閣が「ふるさと創生事業」という政策を行いました。全国の各市町村に、1億円を地方交付税の形で交付したのです。
　1億円の使い道に困った自治体の一部は、日本一長いすべり台を作ったり、村営のキャバレーを作ったり、1億円のトイレを作ったりと、迷走しました。

　ある自治体は、1億円で宝くじを購入しました。この交付自体がくじに当たったようなものなのに、さらに一攫千金を夢見たのです。宝くじに投資し続けた結果、毎回資金を減らし、結局1億円がなくなってしまいました。

　宝くじの平均リターンは、末等を含めても約45%です。つまり、買うごとに資産が半分になる数字です。そう考えると、宝くじは分の悪いギャンブルといえます。
　何しろ、1億円で宝くじを買いあさっても、ほとんど当たらないのですから。

もらった1億円も…

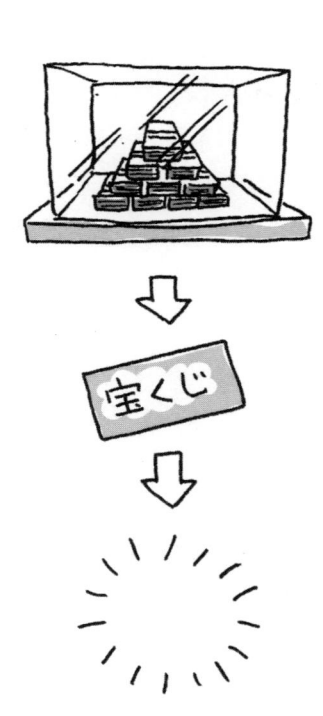

⇩

宝くじ

⇩

第2章 日常生活を彩る数字

POINT
割り勘をカンタンにする

　この本の企画段階で、編集者に「飲み会の割り勘が速く計算できる方法を教えてください！」と言われました。「そんな計算方法、みんな知りたいのかな？」と思い、友人や若い人に聞いてみたところ、「知りたい」という声が多く、驚きました。

　最終的には暗算能力なので、これといった速算法があるわけではありませんが、友人たちが意外と知らなかった方法を1つ挙げます。

　たとえば、**女性の支払う金額を男性の半分に設定する**のであれば、まず女性の数を数えます。そしてその数を半分にします。そこに男性の数を加えます。その数字で金額を割れば、男性の金額が求められます。

　「暗算も速くなりたい！」という方は第7章を参考にしてください。

支払いが45,000円のとき

女4

男4

↓ 女4＝男2

45000÷6＝7500

男7,500円ずつ

第2章 日常生活を彩る数字

POINT

複利計算は「72の法則」

　複利計算は面倒です。たとえば10万円を年利6%で運用すると、次のような計算をしなければなりません。

　10万円×1.06×1.06×1.06×1.06×1.06×……

　この**面倒な複利計算を、簡単に概算する方法**があります。72を基準にするのです。

　実は、**72を年利で割ると、元金がいつ2倍になるかがわかります**。先ほどの6%なら、

　　72÷6=12

で、約12年後に2倍になるとわかります。年利9%なら約8年後、年利1%なら約72年後に2倍になります。この「72の法則」はアインシュタインが考えたといわれています。

　バブル期には、日本の郵便局や銀行の金利は6%以上でした。わずか12年ほどで元金が2倍になったのです。しかし0.5%では、2倍になるのに約144年もかかることになります。

　このように、わずか数%の差でも、見方を変えることで比べやすくなります。

第2章 日常生活を彩る数字

> 「数学における20世紀最大の発見は複利である」
> アルベルト・アインシュタイン(物理学者)

アインシュタインが舌を出している有名な写真は、彼が72歳のときに撮影されたそうです。
72に縁がありますね。

POINT

西暦と平成は24時制の関係

　平成から西暦、あるいは西暦から平成を求めるのが苦手な方はいませんか？

　平成元年が1989年なので、この換算は1988を使って計算します。

> 西暦2006年　→　2006－1988　＝平成18年
> 平成13年　　→　1988＋13　　＝西暦2001年

　さらに「1988を覚えるのは面倒だ」という方には、**時計を使う**暗記法があります。

　西暦の下2けたに注目します。

　たとえば西暦2006年なら、**下2けたは6（06）**です。時計の「6」は24時制で18時を表しますから、平成18年です。

　また、平成13年はこう考えます。13時は文字盤の「1」を表しますから、西暦の**下2けたは1（01）**になります。したがって西暦2001年です。

　ただし、この方法は西暦2012年までしか使えません。

40

西暦＝平成時計

2001年
1時＝13時
平成13年

2002年
2時＝14時
平成14年

2003年
3時＝15時
平成15年

2004年
4時＝16時
平成16年

2005年
5時＝17時
平成17年

2006年
6時＝18時
平成18年

2007年
7時＝19時
平成19年

2008年
8時＝20時
平成20年

2009年
9時＝21時
平成21年

2010年
10時＝22時
平成22年

2011年
11時＝23時
平成23年

2012年
12時＝24時
平成24年

第2章 日常生活を彩る数字

ビッグマック指数

　マクドナルドで販売されているビッグマックは、**世界中どこの店舗でも同じ大きさ・同じ品質**です。

　しかし、原材料費や労働賃金は各国の経済状況に応じて決められているため、各国のビッグマックの価格には、その国の経済力が反映されます。

　したがって、**ビッグマックの価格を比べると、適切な為替水準を推測できる**と考えられています（購買力平価説）。

　これをビッグマック指数といい、イギリスの経済誌「エコノミスト」が毎年発表しています。

　たとえば、日本のビッグマックが262円で、アメリカのビッグマックが3ドルとすると、

> 262÷3＝約87円

より、1ドル＝約87円が適切な為替水準と言えます。現在の為替レートと比較して、今後が予測できます。

　同様のものに、スターバックス指数やiPod指数があります。ただし、いずれもすべてを正しく反映しているものではなく、あくまでも指標の1つです。

購買力平価説

> 世界中で展開しているからある程度の指標になるんだ

ビッグマック指数

iPod指数

第2章 日常生活を彩る数字

ベイズ推定

> **Q** ある夫婦から女の子が2人産まれたとします。3人目も女の子が産まれる確率は何%でしょうか。

　そんなの50%に決まっている、と思うかもしれません。しかし、それは男女の産まれる比率が、統計上でほぼ50%という話であって、**特定の夫婦から産まれる比率が50%とは限らない**のです。少なくとも、女の子が2人続いたのですから、その夫婦からは女の子が産まれやすいと考えられます。

　このような場合、**ベイズ推定**で考えます。

　ベイズ推定とは、イギリスの牧師トーマス・ベイズが発見した「ベイズの定理」を応用し、**ある結果から推定された確率をもとに組み立てる考え方**です。

　ベイズ推定は、身近なところでは迷惑メールの選別に使われています。メールソフトやメールサーバーで、迷惑メールと認識されたメールから、どのような単語が含まれていたら迷惑メールと判断できるかを推定し、単語ごとに確率を計算します。その確率をもとに、次のメールが迷惑メールかどうかを判断します。

この夫婦から次に生まれるのは男の子？女の子？

A 75%

75%になる理由を知りたい方は、巻末付録をご覧ください。

POINT
ガリレオが教えてくれる 1メートルの測り方

　天才科学者ガリレオ・ガリレイが大学生のときの話です。

　ピサの教会で、天井から吊したランプが揺れているのを見て、「**ランプが大きく揺れても小さく揺れても、1往復にかかる時間は同じ**」と気付きました。これを**振り子の等時性**といいます。

　研究の結果、往復にかかる時間は、ひもの長さによって変わるとわかりました。ランプの重さも揺れ幅も、往復の時間には関係ありません。

　この性質を利用して、1メートルを測ることができます。ひもの先におもり（5円玉や50円玉が便利です）を付け、揺らします。ひもを持つ位置を変えると、往復する時間も変わります。

　2秒で1往復したとき、おもりまでの長さは約1メートルです。

ひもとコインを使って1メートルを測る

第2章 日常生活を彩る数字

1メートルになる理由を知りたい方は、巻末付録をご覧ください。

宇宙カレンダー

　現在の説では、宇宙は約137億年前に誕生したと考えられています。人類が誕生したのは約500万年前です。

　どちらも数字が大きいため、正確に比較するのは大変です。

　そこで、宇宙の137億年を1年（365日）に置き換えてみたのが、宇宙カレンダーです。1月1日が宇宙の始まりで、12月31日が現在です。

> 約137億年前：約500万年前＝365日：x 日

　この計算をすると、約500万年前は3時間前（0.13日前）に当たるとわかります。つまり、12月31日（大晦日）の21時頃、ようやく人類が誕生するのです。

　新年を迎える4秒前の23時59分56秒でキリストが生まれ、年を終える直前の23時59分59.9秒で、ようやく私たちが生まれます。

　大きな数字は、身近なものに置き換えて考える。これが基本です。

宇宙の誕生が1/1とすると

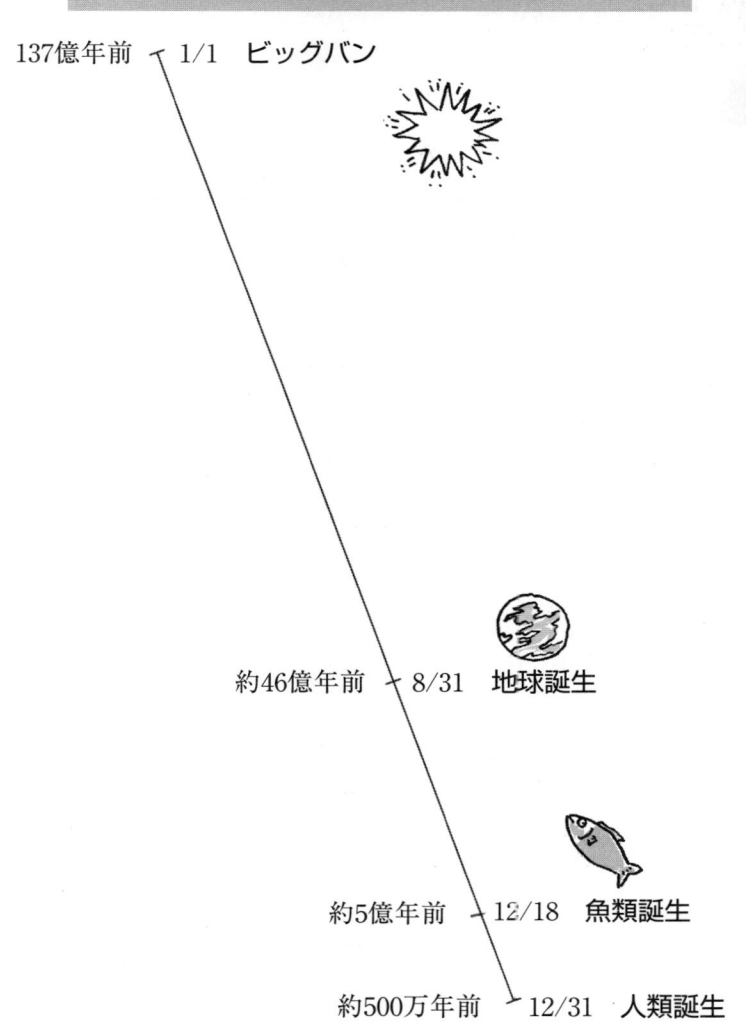

137億年前 ― 1/1　ビッグバン

約46億年前 ― 8/31　地球誕生

約5億年前 ― 12/18　魚類誕生

約500万年前 ― 12/31　人類誕生

第2章　日常生活を彩る数字

POINT
これは便利？
フランスのかけ算

　フランスには昔から、変わった方法のかけ算があります。現在ではもう、農村部でも使われていないそうですが、5×5まで覚えれば、9×9まで覚えなくても計算できる方法です。

　たとえば、8×6を計算するとします。
① 左手で8を数えてください。指が3本立っているはずです。
② 右手で6を数えてください。指が1本立っているはずです。
③ **立っている指の数の合計が十の位**になります。4ですね。
④ **折っている指の数を掛けた数字が一の位**になります。2×4で8ですね。
答えは48です。

　9×6や7×9でも試してみてください。ちゃんと計算できます。

| 8 | × | 6 | = | 4 | 8 |

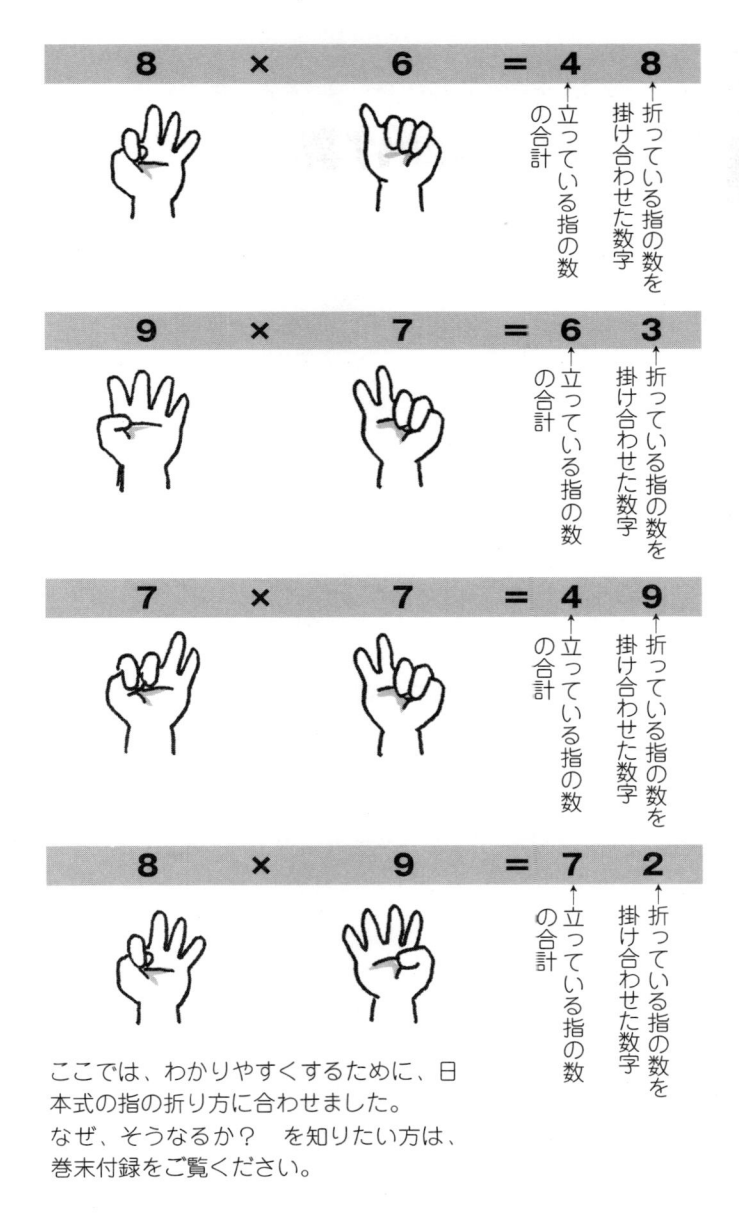

↑折っている指の数を掛け合わせた数字
↑立っている指の数の合計

| 9 | × | 7 | = | 6 | 3 |

↑折っている指の数を掛け合わせた数字
↑立っている指の数の合計

| 7 | × | 7 | = | 4 | 9 |

↑折っている指の数を掛け合わせた数字
↑立っている指の数の合計

| 8 | × | 9 | = | 7 | 2 |

↑折っている指の数を掛け合わせた数字
↑立っている指の数の合計

ここでは、わかりやすくするために、日本式の指の折り方に合わせました。
なぜ、そうなるか？　を知りたい方は、巻末付録をご覧ください。

第2章　日常生活を彩る数字

POINT
来てほしくないのになぜか多い？
13日の金曜日

　「13日の金曜日」は、キリスト教圏では不吉な日とされているようですが、残念ながら、毎年やって来ます。
　カレンダーを見れば、いつも必ず「13日の金曜日」があります。

　これは、1月1日から各月の13日までの日数を、それぞれ1週間の日数（7日）で割ったとき、余りが全種類出てくるからです。
　また、現行のグレゴリオ暦では、13日が何曜日になるかを計算すると、**一番確率が高いのは金曜日**になります。「13日の金曜日」は珍しい日ではないのです。

　ちなみに、映画「13日の金曜日」に出てくるジェイソンは13日生まれの設定だそうですが（1946年6月13日）、その日は木曜日です。
　金曜日ではありません。

現在の暦では、13日は金曜が一番多い

あまり嬉しくない「13日の金曜日」は毎年、必ず来る

イヤだと言われても13日は金曜日がいちばん多いからねぇ…

毎年「13日の金曜日」がやってくる理由を知りたい方は、巻末付録をご覧ください。

POINT

正しく配分できている？ドント式

　日本の比例代表制選挙では、議席数の計算に**ドント式**を採用しています。

　各政党の得票数を1、2、3、……で順に割り、その値が大きい政党から順に議席を配分する方式です。

　たとえば、議席数が8の比例代表制選挙で、A～Eの政党が以下の票数を得たとします。

```
A：800票      B：600票    C：500票
D：200票      E：150票
```

　これらの票数を、1、2、3、……で順に割ります（右図）。
　すると、1番多いのはAの800ですから、まずAが1議席を獲得します。次がBの600、その次がCの500になります。4番目はAの400です。Aが2つ目の議席を獲得します。5番目はBの300です。6番目はAの266ですので、Aはここで3つ目の議席を得ます。Cの250が7番目の議席となります。8番目の議席は、200で並ぶA、B、Dから、くじで決まります。

ドント式の配分法

	獲得票数	÷1	÷2	÷3	÷4	÷5	÷6
A党	800票	800 ①	400 ④	266 ⑥	200 ⑧	160	133
B党	600票	600 ②	300 ⑤	200 ⑧	150	120	100
C党	500票	500 ③	250 ⑦	166	125	100	83
D党	200票	200 ⑧	100	66	50	40	33
E党	150票	150	75	50	37	30	25

E党は、150票得たのに、議席を獲得できませんでした。

ウインカーの点滅テンポに
かくされた秘密

　車のウインカーは、1分間に約70回点滅します。

　これは、意外なものが基準になっています。ご存じですか？

　実は、ウインカーの点滅するテンポは、**人間が緊張したときの脈拍数とほぼ同じ**です。

　この70回の点滅のおかげで、運転手は適度な緊張感を持つことができるのです。もしも点滅回数が多くなりすぎると、焦ってしまい、相互の安全運転のための装置なのに、逆に事故が増えてしまうでしょう。

　このように、ただ日々過ごしていると見えない場所にも、人間工学に基づいて計算しつくされた数字が眠っているのです。

　あなたの身近に、そうした数を見出して、そのルーツを探ってみるのも、面白いものです。

ドキドキする脈拍数と一緒

第2章 日常生活を彩る数字

POINT
コオロギの鳴き声で気温を求める

　このページで紹介するお話は、私は好きなのですが、読まれる方によっては「どこで使うんだよ！」と思われるかもしれません。

　でも、秋にコオロギの鳴き声が聞こえたら、ちょっと計算してみてください。その正確さに驚くはずです。

　コオロギは、気温によって鳴く回数が変わります。

　それを利用し、コオロギが15秒間に何回鳴いたかを数え、以下の式に代入すると、気温が求まります。

（コオロギが15秒間に鳴く回数＋8)×5÷9＝気温

　コオロギは変温動物なので、気温が下がると動きが鈍くなって鳴く回数が減り、気温が上がると活発になって鳴く回数が増えます。そのため、この式が成り立つのです。

　自然と数字は、こうしてつながっています。

第2章 日常生活を彩る数字

(コオロギが15秒間に鳴く回数＋8)×5÷9＝気温

鳴いた回数		気温は…
20回	(20+8)×5÷9≒15.6	15.6℃
25回	(25+8)×5÷9≒18.3	18.3℃
30回	(30+8)×5÷9≒21.1	21.1℃

素数ゼミ

　コオロギで思い出したので、今度はセミの話題です。

　2007年夏、アメリカ中部でセミが大発生しました。その数、なんと70億匹。1本の木に大量に群がるセミの映像がニュースで流れました。

　数種類のセミが毎年発生する日本とは異なり、アメリカでは**1つの種類が数年おきに大発生**します。そして、**その周期が13年と17年**であることが知られています。なぜこのような半端な数（素数、94ページ参照）なのでしょうか。

　一説には、13年ゼミと17年ゼミは、他の周期のセミと比べて発生年が重なりにくかったからといわれています。たしかに12年ゼミと14年ゼミがいたら、この2種は84年ごとに重なってしまいます。しかし13年ゼミも17年ゼミも素数であるために、12年ゼミや14年ゼミともなかなか重なりません。

　その結果、生存競争や交雑を逃れることができ、現代まで生き延びたと考えられます。12年ゼミや14年ゼミはおそらく淘汰されたのでしょう。

13年ごとと17年ごとに大発生

第2章 日常生活を彩る数字

17年間も土の中にいたけど
外に出たら仲間だらけ。
ワシの子どもはまた17年後だな。

第3章

絶妙な数字

数字に強くなる

POINT
おとなは数字が好き

　この章では、数字の意味、数字の使い方、数字の魅せ方など、実践的な数字の使い方を取り上げます。

　不朽の名作『星の王子さま』（サン＝テグジュペリ著、三田誠広訳、講談社）では、おとなが何でも数字で表すことを皮肉っています。
　しかし、皮肉られるくらい、**数字は説得力を持ちます。**おとなは数字が好きなのです。

　ビジネス上の会話やプレゼンでは、「たくさん」「かなりの数」「大きな差」といった表現では、説得力に欠けます。
　ざっとでも構わないので、数字で示すといいでしょう。
　そのとき、**どんな数字を持ってくると都合が良いかは、**この章でいろいろと触れています。参考にしてください。

第3章 数字に強くなる

星の王子さま

「バラ色のレンガでできた、きれいな家を見たよ。窓には赤い花が咲いていて、屋根にはハトがいて……。」とおとなに言っても、おとなはわかってくれない。
おとなには、こう言ってやるといいんだ。
「十万フランの家をみたよ。」
するとおとなは大声で言うだろう。
「なんてすごい家だ。」と。

出典:『星の王子さま』講談社

ビジネス上では

かなりと言われても困る具体的な数字をくれ

かなりの数の販売と新規顧客獲得が期待できます

POINT
3つに絞る、7つ以上集める

　人は、通常、「3」までなら一瞬で把握できます。
　逆に「7」以上だと、パッと見では「たくさん」と認識するのが精一杯です。
　たとえば3人の人がいると、数えなくても、すぐ3人とわかります。しかし7人だと、数えなければ人数を把握できません（もちろん、個人差があります）。

　したがって、相手に**何かを比較してもらいたいとき、3つに絞っておくとわかりやすくなります**。プレゼン案、デザイン案、ランチのメニュー。3つならカンタンに見比べられるので、分析しやすいのです。

　また、**「たくさんある」と感じてもらいたいときは、それらを少なくとも7つ用意する**といいでしょう。それが8でも9でも印象はほとんど変わりません。7を超えると「たくさん」と感じてくれます。

第3章 数字に強くなる

3つなら、すぐわかる

7つ以上だと、一瞬で数えられない

だから案は3つに絞って比較してもらうこと

POINT
正確に違う数字、漠然と正しい数字

　数字が苦手な人ほど、正確な数字にこだわり過ぎるようです。正確性にこだわって全体が見えなくなるくらいなら、**むしろ大雑把に正しい数字を捉えるほうが大切です**。正確な計算は、後でゆっくりやればいいのです。

　たとえば取引で、285円の品物を4,200個仕入れる案が出たとします。全体でいくらになるか確認したい、でも、取引先の前で電卓を取り出すのもちょっと悔しい。さて、どうしましょう。

　285円×4200個

　この計算を一の位から考えていては全体を見失います。

　まず、300×4000と考えます。**四捨五入**ですね。

　次に、3×4＝12ですから、きっと答えは12万円か120万円か、1,200万円のどれかです。

　この先は**常識で判断**します。4,000個も仕入れたのに12万円は少なすぎませんか。逆に、300円程度の品物の仕入れで1,200万円は多すぎます。となると、消去法で約120万円です。

　この程度の正確さでかまわないのです。

ある程度の概算なら、カンタンだ

第3章 数字に強くなる

「私は正確に間違えるよりも、漠然と正しくありたい」
ジョン・メイナード・ケインズ（経済学者）

POINT

バースデーアタック

　バースデーパラドックスと呼ばれる、有名な現象があります。

> **Q** 40人の会合で、誕生日の同じ2人が存在する確率は？

　一見低く感じますが、実際には89％で、かなりの高確率です。小中学生のとき、クラスに誕生日の同じ2人がいませんでしたか？　あれは偶然ではなく、数学的によくあることなのです。クラスの人数が23人いれば、50％を超えます。

　バースデーパラドックスのポイントは、「**自分と同じ誕生日の人が存在する確率**」ではなく、「**誰でもいいから誕生日の同じ2人が存在する確率**」である点です。

　この現象を利用した暗号解析法が、バースデーアタックです。

バースデーパラドックス

40人いれば

誕生日が同じ2人がいる確率
89％！

$$1 - \frac{364}{365} \times \frac{363}{365} \times \frac{362}{365} \times \cdots \times \frac{326}{365} = 約\ 0.89$$

A 約89％

POINT
トヨタvs任天堂
1人あたりで考えると……

　2007年春、日本の国内企業の時価総額1位はトヨタで26兆円でした。このとき、任天堂は5兆円で15位、トヨタは任天堂のおよそ5倍です。

　このニュースをきちんと考察するために、2社の当期純利益（2007年3月期）を比較してみましょう。

トヨタ	1兆6,000億円
任天堂	1,700億円

　ここでも、明らかにトヨタのほうが上です。
　では、当期純利益をそれぞれの社員数で割り、社員1人あたりの利益を求めてみましょう。

トヨタ	1兆6000億円÷68000人＝約2400万円
任天堂	1700億円÷1400人＝約1億2000万円

　社員1人あたりで比べると、関係が一気に逆転し、任天堂がトヨタの5倍になります。
　このように、**大きな数字は1人あたりにしてから比べる**ことも大切です。

トヨタの時価総額はダントツ国内1位！

任天堂は健闘しているものの、トヨタの1/5

でも、社員一人当たりの利益は……

ボクたち任天堂のほうが多いンです

第3章 数字に強くなる

業界の基準数値を
おさえておこう

　ビジネス上、キーとなる数値を覚えていると、企画の立案や商談、予算構築にあたって、すばやく概算するのに役立ちます。

　たとえば、コンビニ業界では、商圏が300メートル前後といわれています。この数字がすぐに出てくると、イベント等の予算が立てやすくなります。また、営業戦略も練りやすくなります。コンビニ業界以外であっても、コンビニ業界に企画提案する際に役立ちます。

　こうした業界特有の数字をおさえておいて損はありません。
　まずは、**自分の業界の数字から整理**してみましょう。商圏だけでなく、採算ライン、購買指数、シェア、平均単価、回転率なども重要な数字です。いくつ挙げられますか？
　また、これらの数字を**ライバル企業**についても計算し、**自社と比較した上で頭に入れておく**ことも有用です。

たとえば、商圏について

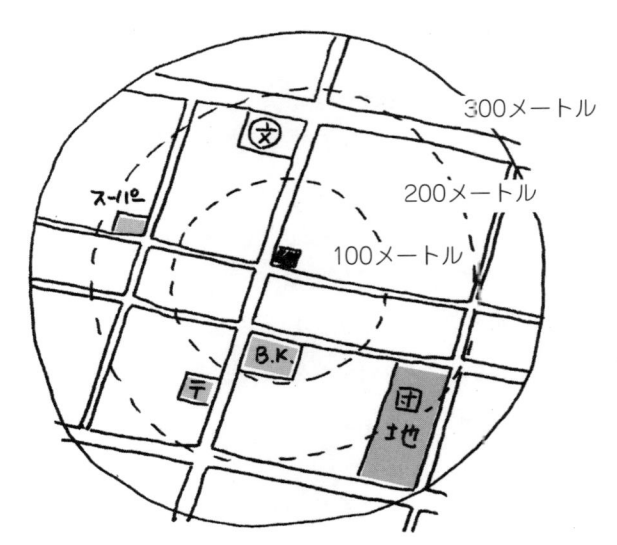

300メートル
200メートル
100メートル

第3章 数字に強くなる

POINT

80対20の法則

　その他、ビジネス上で有名な数字というのも、知っておいて損はないでしょう。

　たとえば、この「80対20の法則」。

　全体の80％は20％の要因によって決定されるという法則です。「80％の売上は20％の顧客によってもたらされている」「会社の利益の80％は20％の社員が生み出している」等の現象が挙げられます。

　これはイタリアの経済学者パレートが発表した経験則で、「パレートの法則」とも呼ばれます。「イギリス国民の資産の80％が20％の国民に集中している」ことから見つけられました。現在では、資産に限らず、あらゆる分野で成り立つことが知られています。

　なお、「80対20の法則」の正反対の考え方で利益を上げる「ロングテール現象」という手法も、最近では注目されています。

パレートの法則

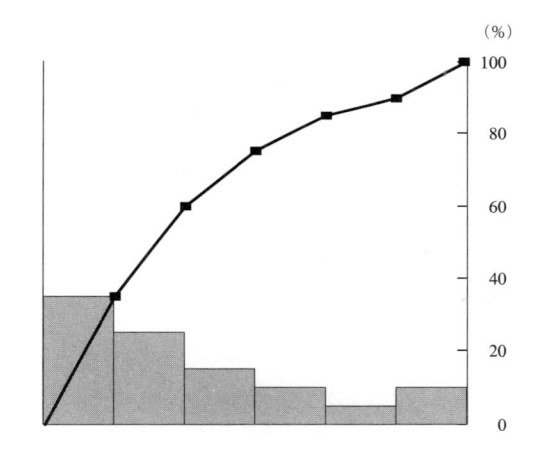

第3章 数字に強くなる

ロングテール現象

ロングテール現象とは、ほとんど売れない商品群が、オンラインビジネスでは重要な収入源となっている現象です。日本式に言えば、「ちりも積もれば山となる」現象です。

ここがロングテール

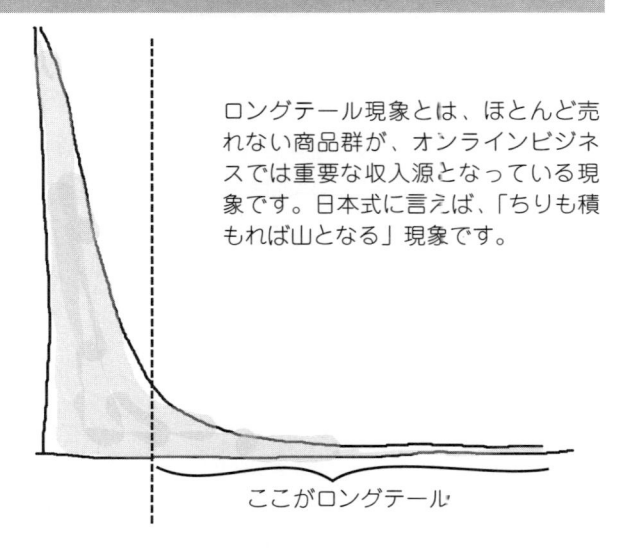

POINT

忘れない
数字の覚え方

　数字を数字だけで覚えようとすると、なかなか頭に入りません。

　誰にでもできる数字の覚え方を3つご紹介します。

　記憶法の1つは、歴史の年号暗記のような**語呂合わせ**です。これは有名ですね。

　2つ目は**無理やり関連付ける**方法です。

　仙台を訪れたとき、伊達政宗を祀る瑞鳳殿で、ガイドさんが階段の段数を正確に覚えているのに感心しました。覚え方を聞いたところ、次のように話してくれました。

「 左の階段は62段で、伊達家62万石と同じ。右の階段は70段で、政宗が亡くなった70歳と同じなんです」

　3つ目は**計算で遊ぶこと**です。覚えたい数字をあれこれ計算すると、その**数字の数学的特徴が頭に残ります**。

　私は電話番号を見るのが好きで、取引先の電話番号であれこれ計算して遊びます。そのうちに覚えてしまい、電話番号を見ただけでどの取引先のものかがわかるようになります。逆もすらすら出てきます。ただし、計算がニガテ、キライな方にはお勧めしません。

結びつけて覚える

伊達家
62万石

62

70

伊達政宗
70歳

第3章 数字に強くなる

POINT
数字を魅せる5つの手法

数字の魅せ方は、以下の5つに大別できます。

1つ目は、**数字で具体的にする**手法です。松竹映画『死ぬまでにしたい10のこと』は、『死ぬまでにしたいこと』とするより、何に注目して映画を見たらいいかわかりやすくなります。

2つ目は、**単位を作ったり換えたりする**手法です。『食い逃げされてもバイトは雇うな』(山田真哉、光文社新書)で紹介されている、「タウリン1000mg」や「50人にひとり無料」が有名ですね。

3つ目は、**比べやすくする**手法です。一時期ブームになった、「世界がもし100人の村だったら」という仮定は、今でもよく目にします。

4つ目は、**基準や指標を作る**手法です。何でも数字化することには批判もありますが、わかりやすいため、よく使われます。テレビ番組『トリビアの泉』の「へぇ」は斬新な評価基準でした。

5つ目は、**数字でびっくりさせる**手法です。本当にそうなのかはともかくとして、注目を集めることができます。一番応用しやすい使い方です。

1.数字で具体的にする
「エクスパック500」
『24』(Fox)
『死ぬまでにしたい10のこと』(松竹)
「江夏の21球」(山際淳司、文藝春秋『Number』)
『スーパーコンピューターを20万円で創る』(伊藤智義、集英社)

2.単位を作る・換える
「web2.0」(Tim O'reillyほか)
「タウリン1000mg」(大塚製薬)
「50人にひとり無料」

3.比べやすくする
「世界がもし100人の村だったら」
「東京ドーム○個分」
「ペヤング算」

4.基準や指標を作る
「開運！なんでも鑑定団」(テレビ東京)
「トリビアの泉」(フジテレビ)

5.数字でびっくりさせる
『100万回生きたねこ』(佐野洋子、講談社)
『99.9％は仮説』(竹内薫、光文社)
「業界No.1」

第3章 数字に強くなる

次ページから、それぞれの手法を詳しく見ていきます。

エクスパック500
～5つの手法①数字を具体的にする

　日本郵便の「エクスパック500」は、全国一律500円、専用封筒でポスト投函というわかりやすさが画期的でした。しかし、画期的な商品であっても、その良さが広く認知されなければ意味がありません。単なる「エクスパック」ではなく「**エクスパック500**」というネーミングだからこそ、消費者に浸透したといえます。

　また、『２４』というアメリカの人気ドラマがあります。
　脚本や演出も素晴らしいのですが、特筆すべきはその**タイトル。『24』という数字だけのタイトル**だけで、視聴者を「おや？　何だろう？」と惹きつけます。
　「全24時間のドラマを全24話で放送するんだから、俺でも『２４』のネーミングは思いつくよ！」という人もいるかもしれません。しかし『２４』は、放映当初は全13話のドラマだったそうです。人気が出たので、急きょ24時間ものとして全24話に切り替えられました。にもかかわらず、**リアルタイム進行＝『24』**と名付けた制作スタッフの感性は、素晴らしいものがあります。

「500」が効いた！

「数字だけ」が効いた！

他にも……

「中学3年分の英語が
　3週間でマスターできる本」
明日香出版社
　（内輪ネタでごめんなさい）

第3章　数字に強くなる

メガマック
～5つの手法②単位を作る・換える

　5年ほど前、友人と話していたら、「メガマックって知ってる?! ヨーロッパしか売ってないらしいんだけど、肉がビッグマックの2倍も入っているんだよ！」と興奮気味にまくしたてられました。

　当時日本では未発売で、ジャンクフードが苦手な私は当然知らなかったのですが、「メガマック」という異様なネーミングに胃がもたれてしまいました。

　しかしその後、日本でも発売され、売り切れが続出したのは皆さんご存知でしょう。

　この「メガマック」は名前で売れた好例です。

　「ビッグマック大盛り」じゃダメなのです。**「メガ」だからこそ、とてつもない大きさに感じます。**

　数字の持つイメージを巧みに利用しています。メガは元々大きいという意味も含む言葉でしたが、「メガマック」で完全にその印象が定着しました。

　いつの日か、「ギガマック」や「テラマック」が発売される日が来るのでしょうか。とんでもない厚さのハンバーガーになりそうです。

第3章 数字に強くなる

ビッグマック

メガマック

ギガマック？

テラマック？？

キロ → メガ → ギガ → テラ → ペタ → エクサ → ゼタ → ヨタ
　×1000　×1000　×1000　×1000　×1000　×1000　×1000

ペヤング算
～5つの手法③比べやすくする

　20代の方は知らないでしょうが、十数年前、「週刊少年ジャンプ」(集英社)のジャンプ放送局というコーナーで、何でもペヤング(まるか食品株式会社)を基準に計算する「ペヤング算」がありました。

　高価なものがあれば「ペヤング〇個買える!」、長いものがあれば「ペヤング△個分の長さ!」、大きいものがあれば「ペヤング□個分の量!」といった具合に、**とにかくペヤングに置き換えて計算します。**

　一見すると馬鹿馬鹿しい計算ですが、数学的には、とても理に適っています。**大きな量は、身近な量でいくつ分に当たるかに換算すると、把握しやすくなる**のですから。

　この手の換算で有名なのは「東京ドーム〇個分」という表現でしょう。東京ドームの広さを正確に把握している人は少ないため、適切な換算とは言えませんが、他に妥当なものがないので広く使われています。

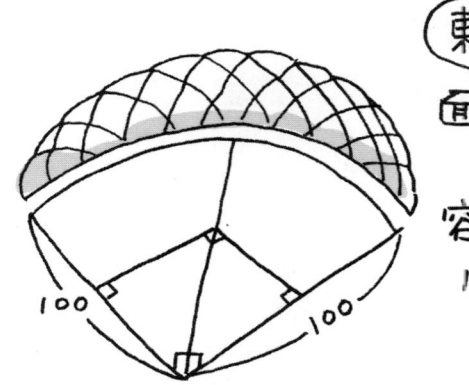

東京ドーム

面積
46,755 m²

容積
1,240,000 m³

第3章 数字に強くなる

東京ドーム＝約12億ペヤング

ペヤング

容積
1,000 cm³

150円

このラーメンは
750円。
5ペヤングだなぁ

POINT

開運！なんでも鑑定団
～5つの手法④基準や指標をつくる

　テレビ東京系のバラエティ番組「開運！なんでも鑑定団」は、10年を超す長寿番組になりました。

　開始当時、この番組が画期的だったのは、それまで**漠然と高価だと思われていた骨董品や希少品に、専門家が値段をつけた**点です。おそらく、値段のつけられないような品もあるのでしょうが、それでも必ず値段をつけ、**視聴者に価値をわかりやすく伝え**ています。

　なんでも値段をつけてしまう「鑑定団」には批判もあります。そこで、値段ではなく、独自の評価単位を導入したのが「トリビアの泉」（フジテレビ）です。

　ゲストが「へぇ」という指標で、トリビアの優劣を評価しました。

　このように、他者に価値を伝える際は、**何らかの第三者的な評価基準を導入すると、わかりやすくなります**。

基準をつくるだけで価値が上がる

第3章 数字に強くなる

POINT

とにかくNo.1
～5つの手法⑤数字でびっくりさせる

　広告代理店に勤める友人から聞いた話です。

　広告業界では、広告に載せるコピーは、**とにかく「No.1」が有効**で、そのため、広告を作るときは、その商品の「No.1」や「1位」を探すそうです。

　地域限定でもいいし、期間限定でもかまわない、とにかく**客観データで「No.1」にできる状況を作り上げ**、大きく「No.1」をアピールするそうです。たしかに、日本で公開されるハリウッド映画は、ほとんど何でも「全米No.1」ですね。

　さて、どう頑張っても「No.1」が見つからなかったらどうするのでしょうか。

　友人曰く、「そんなときは『私たちは業界No.1を目指しています！』でいいんだよ」だそうです。

No.1を探し出せ！

第3章 数字に強くなる

POINT
割合で都合の良い数字を作る

　算数が苦手だった方は、割合（％）に苦労したと思います。でも、割合は便利なんです。**数字を隠すことができますから。**

　2007年、欧州の主要航空会社が、2006年度の紛失率（乗客が預けた手荷物を紛失した割合）を発表しました。それによると、紛失率は平均して1％前後です。この数字だけなら少ない気がしますね？

　でも紛失数は1年間で560万個、1日あたり1万5000個です。実際の数はとても多いのです。

　逆に、割合で表さないほうがいいときもあります。「視聴率1％」と聞くと誰も見ていないように感じますが、「120万人が見た番組」と聞くと、何やら人気番組に感じます。でも、どちらも同じことです。

　1億2000万×1％＝120万

　状況に応じて使い分けると、便利です。

割合は便利だ

1%=560万個

全体

<たった1%>

大丈夫
預けよう

<560万個も>

不安だ
持ち込もう

第3章 数字に強くなる

POINT

安らぎの数字・奇抜な数字

　上手に数字を使いこなすには、人の感覚にどう訴えかける性質を持つ数なのかを知っていると効果的です。

　一般的に、人は**奇数よりも偶数を好み**ます。
　ただし、奇数の中でも3だけは安定感を感じさせる数です。したがって、**安らぎや癒しを演出するときは、3または偶数のほうが好印象**です。
　逆に注目を集めたいときは奇数を使います。奇数のうち、特に5以上の**素数*は、その半端さで「おや、なんだろう？」と思わせる数**です。

　成功哲学で有名なナポレオン・ヒルは「鉄鋼王アンドリュー・カーネギーから成功の秘訣をまとめる仕事を依頼されたとき、**29秒考えてイエスと答えた**」と終生語っています。30秒と言わないところが「成功の秘訣」でしょうか。その後、『巨富を築く13の条件』や『17の成功法則』などを発表しましたが、いずれのタイトルも素数で注目させています。

*2, 3, 5, 7, 11, 13, 17, ……など、1とその数自身の2数でしか割れない数

安らぎの数字

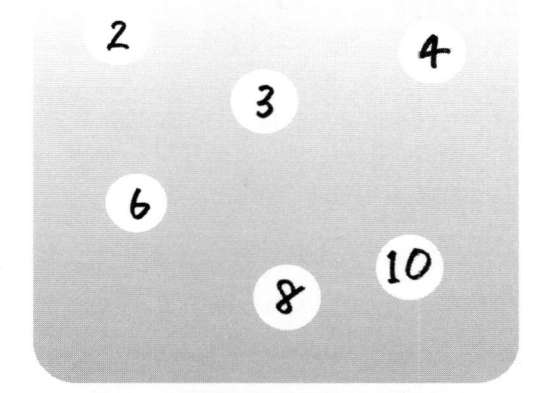

2 4
 3
6
  8 10

奇抜な数字

5   7
11 17 13
19
    23
  29

第3章 数字に強くなる

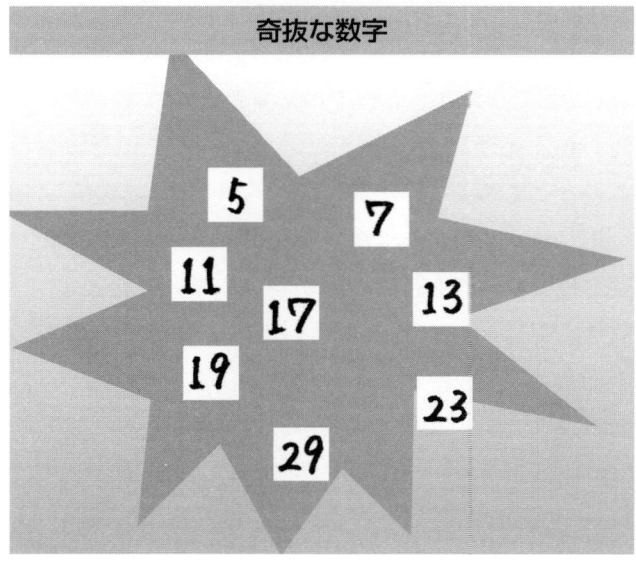

数値通りに動かない
人間心理を読む

「期待値」という言葉を高校の数学で勉強します。

忘れてしまった方のために説明すると、たとえばサイコロを振って、奇数が出たら100万円もらえるとします。偶数が出たら0円です。何ももらえません。このとき、100万円の確率と0円の確率はどちらも$\frac{1}{2}$ですから、**期待値は50万円**になります。

$$100万 \times \frac{1}{2} + 0 \times \frac{1}{2} = 50万 \quad \rightarrow 期待値は50万円$$

つまり、このギャンブルでは、**50万円もらうことと同等の期待ができます**。高校ではそう習ったはずです。

しかし、実際にこのギャンブルと「必ず50万円もらうこと」とどちらを選ぶかとなると、ほとんどの人は50万円を選びます。また、このギャンブルの参加料を50万円に設定しても、ほとんどの人が参加しないでしょう。

数学上では同等でも、人間心理上では同等になりえないのです。

保険会社ではこの点を踏まえ、人の満足度を加味した期待値（期待効用）を計算してから、保険額を決めています。

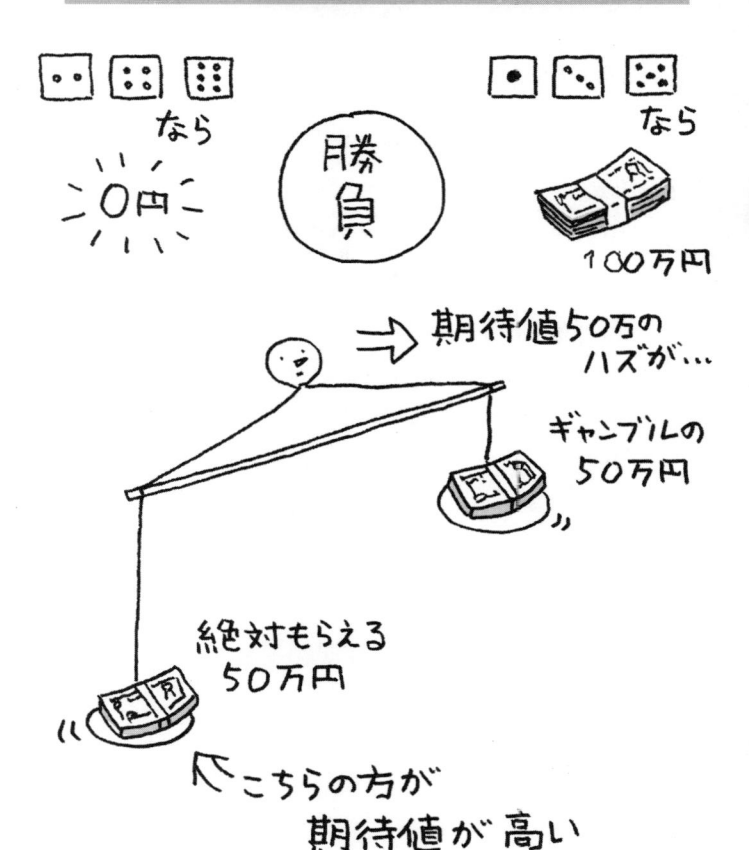

同じ50万円の期待値でも人の感覚は違う

なら 0円

勝負

なら 100万円

期待値50万の ハズが…

ギャンブルの 50万円

絶対もらえる 50万円

← こちらの方が 期待値が高い

第3章 数字に強くなる

POINT

困ったときの黄金比

　プレゼン資料や試作品のデザインをしていて、長さの比率に困ったら、とりあえず**黄金比**にしておくと無難です。

　黄金比は、**もっとも美しい**とされる比で、ほぼ1：1.6です。正確には、$1:\frac{1+\sqrt{5}}{2}$ です。「神の比率」ともいわれています。

　黄金比は、歴史的な建造物、美術品で数多く使われています。身近なものでは、名刺やカード、新書判が黄金比に近い値となっています。もしも黄金比の値を忘れたときは、名刺を取り出して比率を測るとよいでしょう。

　黄金比は次のようにも表せます。ちょっと不思議な数字です。

$$1 : 1+\cfrac{1}{1+\cfrac{1}{1+\cfrac{1}{1+\cfrac{1}{1+\cdots}}}} \qquad 1 : \sqrt{1+\sqrt{1+\sqrt{1+\sqrt{1+\cdots}}}}$$

なぜこの式になるか？　を知りたい方は、巻末付録をご覧ください。

黄金比にしておいたら間違いはない

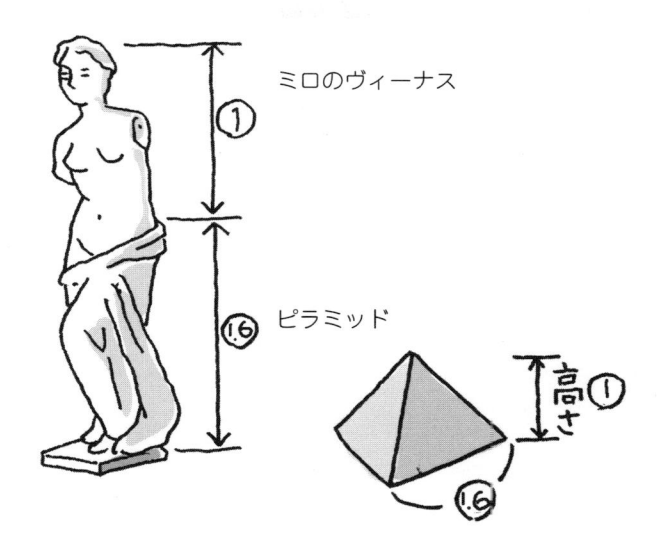

ミロのヴィーナス ① 1.6

ピラミッド 高さ① 1.6

名刺 1.6 ①

第3章 数字に強くなる

続いて第4章では、問題形式で数的センスを磨きます。何問正解できるでしょうか。

第4章
絶妙な数字

数的センスを磨くトレーニング

POINT

ペットボトル飲料の原価は？

　十数年前まで、日本にお茶やジュースをペットボトルで飲む文化はありませんでした。お茶は毎回沸かして飲み、ジュースは缶やパックに入ったものと相場が決まっていました。

　しかし、現代ではもうペットボトルで飲むのが当たり前になり、清涼飲料業界ではシェア争いが激化しています。店によってはびっくりするほどの安売りも行っていますが、赤字にはならないのでしょうか。

　ちょっと考えてみましょう。

Q　一般的な500ミリリットル入りペットボトルのお茶では、お茶そのものの原価はおよそ何円でしょう？

　　A：100円　　　B：20円　　　C：3円

A C：3円

　実際には、ペットボトルの肝心の中身は3円もしないといわれています。安いものであれば2円未満です。
　販売価格が150円もしてしまうのは、販売人件費やペットボトルの容器製造費、そして広告宣伝費のためです。

150円

3円！

第4章　数的センスを磨くトレーニング

THINK! キュウリ味のコーラ！？

　2007年夏、ペプシコーラ（サントリーフーズ発売）のアイスキューカンバーが流行りました。キューカンバーはキュウリのことです。炭酸飲料のキュウリ味です。美味しいかどうかは別として（実際に私も飲んでみましたが、正直なところ、毎日飲みたいと思うような味ではありませんでした）、よく売れました。かなりの収益があったようです。

　このアイスキューカンバーは、なぜ利益率の高い商品となりえたのでしょうか。

　先ほど述べたように、ペットボトル飲料の経費は、販売人件費・容器製造費・広告宣伝費の3つが大部分を占めています。
　このうち販売人件費は減らしようがありませんが、アイスキューカンバーでは、**容器製造費がコストダウン**されたのです。
　通常、新製品はペットボトルを新しくデザインし、金型を新規に作製します。しかしアイスキューカンバーでは、ペプシコーラのペットボトルをそのまま流用していますから、ペットボトルをデザインする必要もなく、ま

た、金型を作る必要もありませんでした。大きな経費削減です。

広告宣伝費も削られています。

新商品なら10億円近くを投資するのが清涼飲料業界の常識だそうですが、CM等はほとんど行わず、クチコミとネット話題だけで認知度を上げました。

逆に言うと、そのために、キュウリ味という奇妙な商品にしたのです。これがもしも「世界で一番美味しいコーラ」であったら、これほどのクチコミは得られなかったでしょう。キュウリ味の炭酸飲料という不思議な組み合わせだからこそ、「どんな味だろう？」と気になり、「一度買ってみるか」と思わせることに成功したのです。

また、私の経営している学習塾では、アイスキューカンバーを買った小学生や中学生たちが友達に「これ知ってる？」と自慢していました。「キュウリ味」が子どもの心をつかんだのでしょう。

しかし奇抜な味ですから、長く売り続けることはできません。人気の波をとらえ、売るだけ売って、すぐに撤退します。マーケティングの原則はリピート購買ですが、その逆をついた商品でした。

POINT

ポイント還元の金額が
ズバリわかる！

　都市型の家電量販店ではポイント還元サービスが定着してきました。さまざまな量販店で「○％ポイント還元！」という文字が掲げられています。このシステムはヨドバシカメラが始めたといわれています。

　消費者にありがたいポイント還元サービスですが、計算しやすい10％ではなく、12％や13％、15％といった半端な数字が多いため、計算が面倒です。

　どうすれば簡単に計算できるでしょうか。

　10秒で求めてください。

Q 家電量販店で24,700円の掃除機を買うことにしました。この量販店では、現金販売には12％のポイントが還元されます。このとき、ポイント還元はおよそ何円でしょうか？

　A：約3,000円　　B：約2,800円　　C：約2,500円

A：約3,000円

　今回の問題の場合、24,700円の12%がポイント還元されますから、普通に計算すると、

> 24700円×0.12＝2964円

となります。
　しかし、買い物をしながら電卓を持って歩き回るわけにはいきません。1円の単位まで計算しなくても、**だいたいの計算結果さえわかればよいのですから**、もっとラクな方法があります。

THINK!　おおよその数を考えてラクにする

　12%は、**8で割った数字とほぼ等しくなります。**

　つまり、24,700円×0.12ではなく、24,700円÷8でも計算結果はほとんど変わりません。

　そして、24,700円は8で割りにくいので、**割りやすい数字に変更**します。24,700円なら24,000円にするのがちょうどよいでしょう。

　そこで、以下のように、おおよその数同士で計算をします。

> 24000円÷8＝3000円（3000ポイント）

　実際は2,964円ですから、ほぼ正確な値です。
　これなら電卓を持って歩かなくても計算できますね。

　では、**なぜ12%と「÷8」がほぼ等しくなるのでしょうか。**

　100%を8で割ると12.5%になります。12%とほぼ等しくなるので、これを利用しています。

> 100%÷8＝12.5%

　ただし、正確には12.5%ですから、計算結果で若干大き

な数字が出てしまいます。そこで、割る値を最初から低く設定しておきます。

つまり、24,700円を8で割るのではなく、24,700円よりも少しだけ小さい24,000円を8で割ります。こうすることで、ほとんど誤差のない計算結果を得ることができます。

このような考え方を利用すると、13%のときは少しだけ大きい金額を8で割ることで近似値（おおよその値）を得ることができます。

15%のときは、少しだけ大きい金額を7で割ります。

POINT

どちらが安い？

　10％ポイント還元と10％引きは、似ているようでちょっと違います。

　ポイント収集が趣味の方も、ちょっと考えてみてください。

> **Q** どちらのお店で購入するほうが安いでしょうか？
> 店A：定価15,000円の商品を10％引き！
> 店B：定価15,000円の商品を10％ポイント還元！

🄐　店A：定価15,000円の商品を10％引き！

同じではありません。10％ポイント還元と10％引きではイコールにならないのです。一見、同じようですが……

このような場合、極端な例で考えるとわかりやすくなります。

たとえば**100％ポイント還元**のお店があったとします。「え、それじゃタダになっちゃう！」と思うかもしれませんが、**実はこれ、50％引きなのです**。100％引きと同じにはなりません。

具体的に考えてみましょう。

100％ポイント還元のお店で2,000円の品物を購入するとします。このとき、2,000円支払い、2,000円分のポイントが付きます。つまり、2,000円のお金で、2,000円の品物と2,000円の金券（ポイント）、合わせて4,000円の商品を購入したことになります。

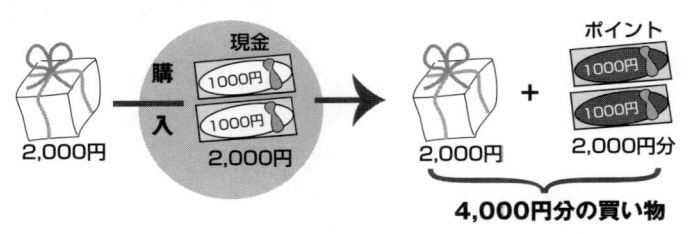

第4章　数的センスを磨くトレーニング

支払った2,000円は4,000円の半額ですから、50％引きです。式で表すと、

> 2000円÷4000円＝0.5　→50％

50％の金額で購入したので、

> 100％－50％＝50％引き

となります。
　つまり、**100％ポイント還元は**、100％引きとイコールにはならず、**50％引きと同じなのです。**

　同様に考えて、10％ポイント還元は10％引きとは同じにならないため、10％引きの方が安くなります。ちなみに、10％ポイント還元は、9％引きとほぼ同じです。

THINK! 個別かまとめるか？

小学5年生の問題です。よく考えて答えてください。

どちらのお店で購入するほうが安いでしょうか？

Q 店A：定価から40％値下げした後、消費税を加算する
店B：定価に消費税を加算した後、40％値下げする

※消費税は5％として計算する

第4章 数的センスを磨くトレーニング

A どちらも同じ

意地悪な問題です。どちらも同じになります。

ある品物の定価を1,000円として説明しましょう。

店Aでこの商品を買うと、

$$1000 \times \underbrace{(1-0.4)}_{40\%値下げ} \times \underbrace{(1+0.05)}_{消費税} = 630円$$

より、630円になります。

店Bでこの商品を買うと、

$$1000 \times \underbrace{(1+0.05)}_{消費税} \times \underbrace{(1-0.4)}_{40\%値下げ} = 630円$$

より、店Aと同じく630円になります。

これは、かけ算に**交換法則**(かけ算の順番を入れかえても答えは変わらない法則)が成り立つからです。

交換法則は小学2年生で習います。覚えていましたか?

THINK! 消費税分サービス！？

もう1問、小学5年生の問題に取り組んでみましょう。

Q どちらのお店で購入するほうが安いでしょうか？
店A：定価から5％値下げした後、消費税を加算する
店B：定価のままだが、消費税はなし

※消費税は5％として計算する

第4章 数的センスを磨くトレーニング

◆ 店A：定価から5%値下げした後、消費税を加算する

　店Aでは5％値下げした後に5％加算していますから、プラスマイナスゼロになりそうです。もしそうなれば、店Bと同じ金額になります。

　しかし、実際には店Aのほうが少しだけ安くなります。

　ある品物の定価を10,000円として説明しましょう。
店Aでこの商品を買うと、

$$10000 \times (1-0.05) \times (1+0.05) = 9975 円$$

　　　　　5％値下げ　　　消費税

より、9,975円になります。

　店Bでこの商品を買うと、定価のままですから、10,000円です。

　つまり、店Aのほうが25円安くなるのです。

　さて、この$10000 \times (1-0.05) \times (1+0.05)$の答えですが、私は瞬時にわかりました。そう難しいことではありません。

　あなたが店頭などで暗算するときには、どうしたらよ

いでしょうか。

以下のステップを頭の中で行うと、電卓を使わずに計算できます。詳しくは第7章で説明します。

$$10000 \times (1-0.05) \times (1+0.05)$$
$$= 10000 \times 0.95 \times 1.05$$
$$= 100 \times 100 \times 0.95 \times 1.05$$
$$= (100 \times 0.95) \times (100 \times 1.05)$$
$$= 95 \times 105$$
$$= (100-5) \times (100+5)$$
$$= 100^2 - 5^2$$
$$= 10000 - 25$$
$$= 9975$$

POINT

ビル・ゲイツの時給は
あなたと比べてどれくらい？

　マイクロソフトの創業者ビル・ゲイツは、すでに経営の第一線から退いているため、年収はかなり減っていますが、数年前まで40億ドル以上の年収がありました。

> **Q** ビル・ゲイツの年収を、365日、24時間で単純に割っていくと、時給はおよそ何円になるでしょう？
> A：約5,000万円　B：約500万円　C：約50万円

※１ドル＝110円とする

A：約5,000万円

> 40億ドル×110＝4400億円
> 4400億円÷365÷24＝約5000万円

以上の計算より、ビル・ゲイツの時給は約5,000万円とわかります。平均的なサラリーマンの生涯収入3億円をわずか6時間で稼ぐことになります。

THINK! 身近な基準に換算し、比較する

ニュースや新聞で大きな数字が出てきたら、**1時間あたり・国民1人あたり・1m²あたり**を計算してみましょう。今までピンとこなかった数字が、具体的に感じ取れるようになります。

続いて、金銭感覚を時給1,000円と比較してみましょう。

時給1,000円で働いている人が150円のジュースを買ったとします。

> 5000万円：x円＝1000円：150円

を計算すると、x＝750万円ですから、一般人にとってのジュースは、ビル・ゲイツにとっての750万円。ベンツやレクサスが買えますね。このように、**置き換えて比較する**ことも大切です。

第4章 数的センスを磨くトレーニング

そんなに稼ぐビル・ゲイツの資産は、アメリカの経済誌「フォーブス」によると約600億ドルだそうです。

Q ビル・ゲイツの資産は1日1億円使うと、何年で無くなるでしょうか。

※1ドル＝110円とする

> 600億ドル×110＝6兆6000億円
> 6兆6000億円÷1億÷365日＝約180年

A 180年

毎日1億円使うのも困難ですが、たとえ毎日使ったとしても、資産をすべて使いきるのに180年かかります。さすが世界一の富豪ですね。

数字はさまざまな角度で分析したほうがわかりやすくなります。 ニュースや新聞で「おや？」と感じたら、いろいろ計算してみましょう。

第5章
絶妙な数字

ビジネス数字入門

POINT

損益計算書

　ビジネスマンが関わる「数字」で、もっとも手強そうで、でも身につけておきたいものの1つが、決算書の読み方など**会社の数字**ではないでしょうか。

　営業成績を上げるにも、大がかりなプロジェクトを立ち上げるにも、経営数字を読めることは重要です。

　ぜひ決算書をぱっと見て、大づかみにイメージができるようになりましょう。

　まずは、損益計算書（P／L）からです。
　その1年間の収支から、会社が利益を上げられているかどうかが、この表でわかります。

　利益には、売上総利益（粗利益）、営業利益、経常利益、税引前当期利益、当期純利益（最終利益）の5種類があり、右のような関係になっています。

　営業利益は、**会社の本業における利益**を、経常利益は、**本業以外の損益を加味した利益**を意味します。

損益計算書（P/L）の基本のつくり

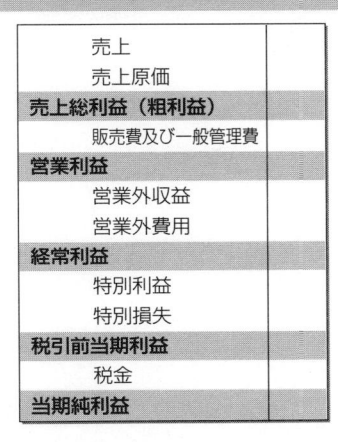

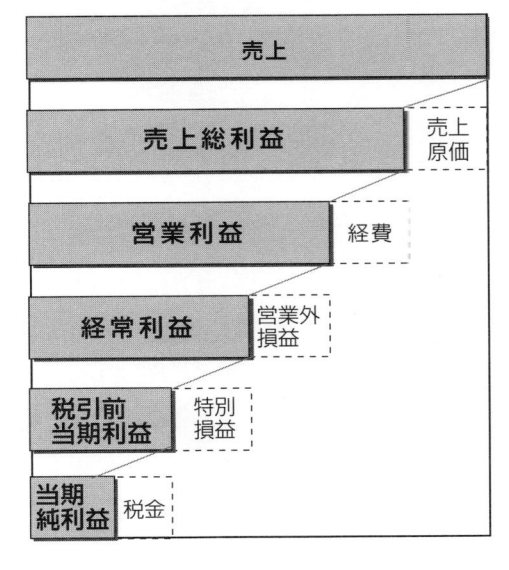

売上	
売上原価	
売上総利益（粗利益）	
販売費及び一般管理費	
営業利益	
営業外収益	
営業外費用	
経常利益	
特別利益	
特別損失	
税引前当期利益	
税金	
当期純利益	

売上

売上総利益 / 売上原価

営業利益 / 経費

経常利益 / 営業外損益

税引前当期利益 / 特別損益

当期純利益 / 税金

第5章 ビジネス数字入門

売上が大きくとも、経費や本業以外で圧迫する負債が大きく、最終利益が少なければ、利益が出る体質の会社とはいえません。つい、売上実績のほうに目が行きがちですが、経常利益、最終利益も確認しましょう。

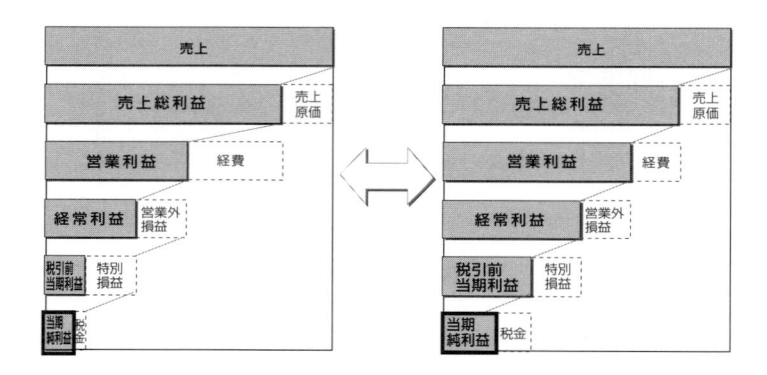

同じ売上でも、経費がちがうと…

POINT
貸借対照表

　もう1つの大事な決算書が、貸借対照表（B/S、バランスシート）です。

　ある時点での会社の資産の状況が、これでわかります。

　事業が好調で、借入金は完済していて、会社の口座にはお金がたくさんある。そんな会社なら、倒産の心配も薄いでしょうね。そのような**会社の安定度**も、この表から読みとることができます。

第5章 ビジネス数字入門

資産の部	負債の部
【流動資産】 　現金預金 　売掛金 　製品 　貸倒引当金 【固定資産】 　有形固定資産 　無形固定資産 　投資その他の資産 【繰延資産】 　開発費	【流動負債】 　未払金 　買掛金 　短期借入金 【固定負債】 　長期借入金
	純資産の部
	株主資本 【資本金】 【資本剰余金】 【利益剰余金】

読みとる指標として大切なものの1つが、**自己資本比率**です。

　自己資本とは、会社が株を発行して調達した資本金や、利益の一部を積み立てた剰余金などの合計です。純資産とも呼ばれます。逆に返済義務があるのが負債で、純資産と負債を合わせたものが総資本となります。

　自己資本比率は、**総資本に対する自己資本の割合**です。

> **自己資本比率＝自己資本÷総資本×100**
> 　　　　　　　　　　**(総資本＝自己資本＋負債)**

　100倍するのは、割合を百分率（％）にするためです。

　自己資本には返済義務がないので、この割合が高いほど、一般的には経営が健全であるといえます。

　ただし、自己資本比率が高いとＲＯＥ（130ページ参照）が高くなりにくいため、健全性と効率性は相反することになります。

　会社の健全性を自分で計算してみるのもよいでしょう。一般的には、**自己資本比率が50％以上なら正常**といわれています。日本では30％前後が平均です。中小企業ではもっと低く、**10％前後**が平均です。

貸借対照表（B/S）の基本のつくり

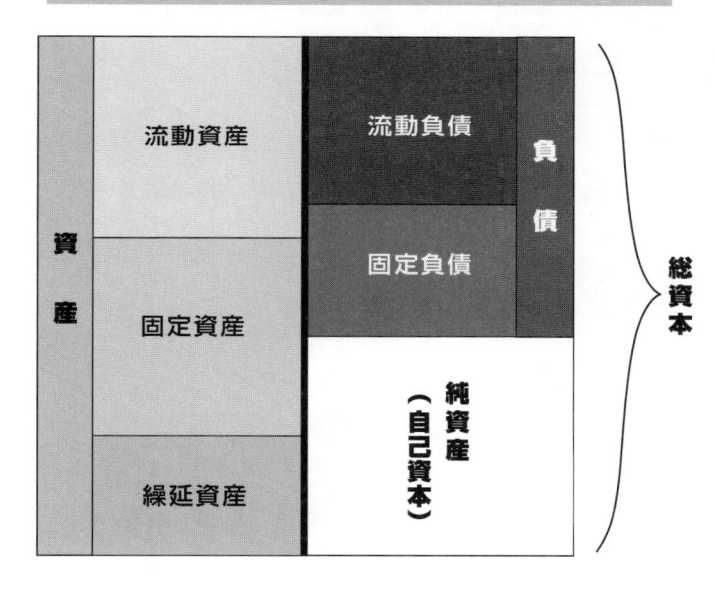

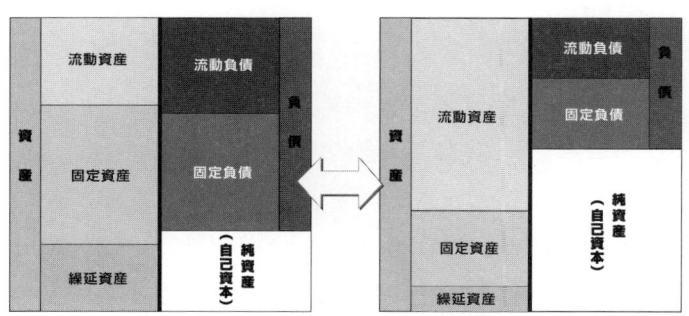

```
┌──────┬──────┐
│      │ 流動負債 │
│ 流動資産│──────│ 負
│      │      │ 債
│      │ 固定負債 │
│ 固定資産│──────│
│      │ 純資産  │
│      │（自己資本）│
│ 繰延資産│      │
└──────┴──────┘
   資産    総資本
```

自己資本比率が高いと経営が安全

第5章 ビジネス数字入門

POINT

割安株を見つける
PERとPBR

決算書などの会社の数字を読む力は、自社や取引先の経営状況を把握するのに必要ですが、株価とからめて、投資先を選ぶ指標としても役立ちます。

THINK! PER

株式投資は「安く買って高く売る」のが基本です。そのためには、割安な株を見つけなければなりません。

では、割安かどうかを、どのように判断したらよいでしょうか。その指針の1つが**PER（株価収益率）**です。

PERは、株価が1株益の何倍かを表すもので、株価を1株あたりの最終利益（1株益）で割って求めます。

> **PER＝株価÷1株益**
> **（1株益＝当期純利益÷発行済株式数）**

つまり、PERの数字が低いと「利益に比べて株価が低い」と判断できるので、その株価は割安だといえます。ただし、業界によって平均的なPERに差があるので、一般的には同業種間で比較します。

THINK! PBR

　株価が割安か割高かを判断する指標として、PER以外にPBR（株価純資産倍率）があります。名前は似ていますが、異なるものです。

　PERは利益に比べて株価が割安かどうかを測るもの、**PBRは資産に比べて株価が割安かどうかを測るもの**です。

　PBRは、株価を1株あたりの純資産（BPS）で割って求めます。

> **PBR＝株価÷1株純資産**
> 　　　　（1株純資産＝純資産÷発行済株式数）

　一般に、**PBRが1倍以下であればお買い得**な株です。

　しかし、PBRは1倍を超えているのが普通なので、下回っている場合は業績見通しが暗い会社も含まれます。注意しましょう。

投資効率を見るROEとROA

また似た言葉が出てきました。

ROEは株主資本利益率、ROAは総資本利益率です。どちらも利益率の値ですが、ROEは株主資本（自己資本）に対する利益率、ROAは総資本に対する利益率です。

> ROE＝当期純利益÷株主資本×100
> ROA＝当期純利益÷総資本×100

100倍するのは、割合を百分率（％）にするためです。

ROEは、「**株主が投資した額に対してどれだけ効率よく利益を得たか**」を表します。ROAは、「**総資本に対してどれだけ効率よく利益を得たか**」を表します。

もちろん、利益率が高い、つまり投資効率がよいほうがいいですよね。

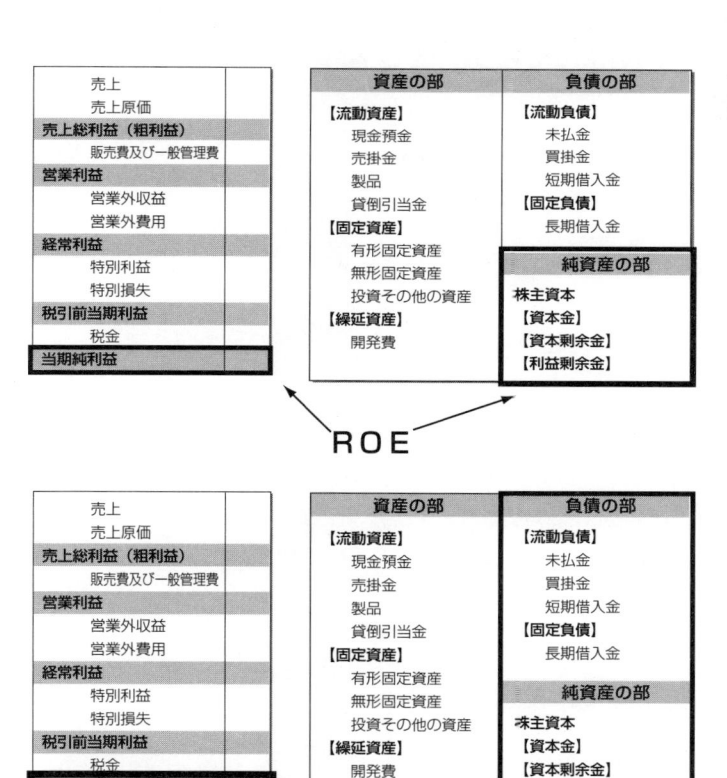

売上	
売上原価	
売上総利益（粗利益）	
販売費及び一般管理費	
営業利益	
営業外収益	
営業外費用	
経常利益	
特別利益	
特別損失	
税引前当期利益	
税金	
当期純利益	

資産の部	負債の部
【流動資産】	【流動負債】
現金預金	未払金
売掛金	買掛金
製品	短期借入金
貸倒引当金	【固定負債】
【固定資産】	長期借入金
有形固定資産	**純資産の部**
無形固定資産	株主資本
投資その他の資産	【資本金】
【繰延資産】	【資本剰余金】
開発費	【利益剰余金】

ROE

売上	
売上原価	
売上総利益（粗利益）	
販売費及び一般管理費	
営業利益	
営業外収益	
営業外費用	
経常利益	
特別利益	
特別損失	
税引前当期利益	
税金	
当期純利益	

資産の部	負債の部
【流動資産】	【流動負債】
現金預金	未払金
売掛金	買掛金
製品	短期借入金
貸倒引当金	【固定負債】
【固定資産】	長期借入金
有形固定資産	**純資産の部**
無形固定資産	株主資本
投資その他の資産	【資本金】
【繰延資産】	【資本剰余金】
開発費	【利益剰余金】

ROA

第5章 ビジネス数字入門

POINT

市場価値を見積もる**時価総額**

　時価総額は、その会社の発行済株を全て買い占めるのに必要な金額で、市場における企業価値を表す指標になります。

　株価に発行済株式数をかけ合わせて求めます。

> **時価総額＝株価×発行済株式数**

　株価が上がれば時価総額も上がります。また、発行済株式数が多い会社ほど、時価総額の変動が大きくなります。

THINK! 時価総額を上げると収益が上がる！？

　一般に、企業は経営の結果として収益を上げ、株価が上がり、時価総額が上がります。

　しかし、そのような普通の経営ではなく、時価総額を上げることで収益を上げていた会社がありました。

　ご存知ライブドア（現ライブドアホールディングス）です。

　ライブドアは、次々に企業買収を行って時価総額を上げ、絶頂期には時価総額が1兆円を超えていました。

　その手法は、高い時価総額→高い株価→株式交換による買収→買収によって時価総額が上がる→……の繰り返しでした。

　株式交換で効率よく買収するには、相手より高い株価が必要で、株を買い求める人が増えて株価が上がるように時価総額を上げる必要があったのです。

　ただし、これは犯罪ではありません。

　2006年に堀江元社長が逮捕されたのは、時価総額を上げるために決算を粉飾したと見られたからです。

POINT

日経平均株価とTOPIX

　ニュースでよく聞く「**日経平均株価**」は、東証一部上場企業のうち、**日本経済新聞社が選んだ225社の株価を平均したもの**です。

　でも、新聞を見ても1万円を超える株価はほとんどないのに、平均が1万円を超えているのは、おかしいと思いませんか？

　実は、単純な平均ではないのです。

　なぜ単純に平均できないかというと、株は、株式分割されると1株あたりの株価が下がるからです。これを考慮せずに単純に平均すると、日本の株式市場はまったく問題ないのに、ときどき日経平均株価がガクッと下がる事態が起こってしまいます。

　そこで、一定の計算法則*に基づいて、株式分割の影響を受けない値を算出しています。

　日経平均株価は、あくまでも株価の平均なので**値がさ株の影響を受けやすい**という欠点があります。値がさ株とは、相場全体の水準に比べて株価の高い銘柄のことです。

*この計算はダウジョーンズ社が始めました。アメリカの代表的な株価指数である「ダウ平均株価」は、このダウジョーンズ社が発表しています。

そこで、**株式数も考慮に入れた平均株価**も重要になります。それが、東京証券取引所が発表している「ＴＯＰＩＸ（東証株価指数）」です。

ＴＯＰＩＸは日経平均株価とは異なり、東証一部に上場している全企業が対象です。また、日経平均株価は株価を平均したものですが、ＴＯＰＩＸは**時価総額を合計したもの**です。ただし、時価総額そのものの数字ではなく、**１９６８年１月４日を１００とした指数**で表します。2008年時点で1,300なら、40年前の13倍になったということです。

ＴＯＰＩＸは全企業の時価総額で計算しているため、各銘柄の上場株式数も加味された数値となり、日経平均株価の欠点を解消しています。しかしその一方で、**時価総額の大きい株に影響を受けやすい**という欠点があります。

POINT

FXで儲ける！？為替差益

まずは基本事項から確認しましょう。

1ドル＝110円が1ドル＝120円になると「円安ドル高」です。1ドルに対する円の価値が下がっているからです。

逆に、**1ドル＝110円が1ドル100円になると「円高ドル安」**です。1ドルに対する円の価値が上がっているからです。

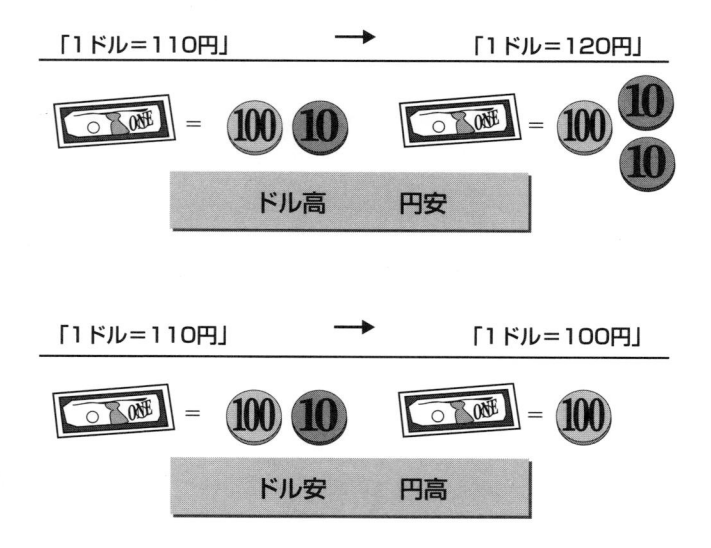

「1ドル＝110円」 → 「1ドル＝120円」

ドル高　　円安

「1ドル＝110円」 → 「1ドル＝100円」

ドル安　　円高

基本的に、円安になると輸出業者が得をします。円高になると輸入業者が得をします。私たち日本に住む日本人が海外旅行に行きやすいのは、円高のときです。

さて、**為替差益**とは、このような為替レートの変動による利益です。

1ドル＝110円のときにドルを買い、1ドル＝120円のときに円に戻せば、円安になった分の利益があります。損をしたら為替差損です。

> **Q** AとBは、それぞれいくらの為替差益・為替差損になりますか。ただし、**手数料は考えないものとします。**
> 　　A：1ドル110円のときに1万ドル買い、1ドル120円のときに円に戻した
> 　　B：1ドル110円のときに1万ドル買い、1ドル100円のときに円に戻した

Aは1ドルあたり10円の為替差益ですから、1万ドルの取引では10万円の為替差益になります。

(120円−110円)×1万＝10万円

　Bは1ドルあたり10円の為替差損ですから、1万ドルの取引では10万円の為替差損になります。

(110円−100円)×1万＝10万円

　Aは円安、Bは円高です。一見すると円安でしか為替差益はなさそうですが、円高の場合はドルを買っておくことで為替差益を得られます。

A：10万円の為替差益
B：10万円の為替差損

　最近よく聞くFXは、このような外国為替取引の通称です。
　なお、外国為替証拠金取引は、証拠金を元にその数倍の金額で外国為替取引を行うことです。FXでは証拠金取引が一般的です。

第6章

絶妙な数字

数字はウソをつかないが、ウソつきは数字を使う

POINT
数字のウソに気付きますか？

　ちょっと難しい話をします。

　日本とアメリカの医療費増加を、1985年以降の10年間について比べてみます。わかりやすくするため、両国の国民医療費総額をドルにそろえて算出し、1985年を100として、その後どのように推移したかを比較します。

　右の表とグラフを見て、あなたはどのような感想を持ちましたか？

　日本はわずか10年で3倍以上にはね上がっていますね。「日本は医療費が増えすぎている！」「多少の増加は仕方ないが、アメリカを見習ってもう少し抑制しないと！」と思ったなら、**それはもう、数字にだまされています。**

　実は、この10年間に関して言えば、日本のほうがアメリカよりも医療費の増加を抑えることに成功しているのです。

　さて、どこに数字のトリックが隠れているのでしょうか。

	日本	アメリカ
1985年	100	100
1986年	133	108
1987年	184	117
1988年	187	129
1989年	172	143
1990年	191	160
1991年	220	178
1992年	233	192
1993年	273	212
1994年	323	224

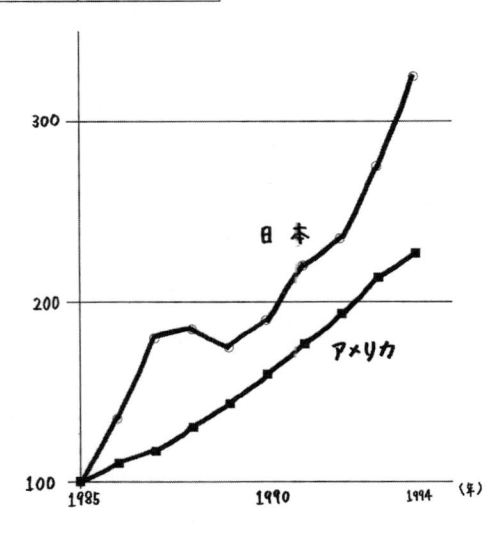

第6章 数字はウソをつかないが、ウソつきは数字を使う

THINK! 巧妙な数字のウソ

前ページの答えを発表します。

ポイントは「**ドル**」です。

日本とアメリカを比較するのに、基準を揃えられるよう円ではなくドルで比べていますが、これが間違いの元です。

なぜなら、1985年プラザ合意以降の10年間は**円高が加速しているため、円をドルに換算すると、急騰してしまう**からです。

具体的に説明しましょう。

1985年の年末には1ドル200円でしたが、10年後には1ドル100円になりました。1ドルの相対的な価値が$\frac{1}{2}$ということは、1円の相対的な価値が2倍になったということです。

このため、1985年に16兆円だった医療費が1994年に26兆円となっただけなのに(2倍にもなっていないのに)、ドルに直すと、1985年が800億ドルで1994年が2,600億ドルになってしまいます。

これが、わずか10年で3倍以上にはね上がるカラクリなのです。

1985年　1ドル＝200円

　　　　　　　　円の価値　2倍↑

1994年　1ドル＝100円

円を基準にすると…

　1985年　[1.5倍→]　1994年
　16兆円　　　　　　26兆円

ドルを基準にすると…

　1985年　[3倍→]　1994年
　800億ドル　　　　2600億ドル

第6章　数字はウソをつかないが、ウソつきは数字を使う

THINK! 数字のウソを見破る

　言われてみれば当たり前のことですが、当時は前ページのような数字を元に政策論議が行われていました。

　ひょっとすると、「日本は急激に医療費が増加している」と主張したい人たちによって、意図的に持ち出されたデータだったのかもしれません。

　話を戻しましょう。

　この話の冒頭部で私は「わかりやすくするため、両国の国民医療費総額をドルにそろえて算出し、……」と書きましたが、先ほど述べたようにドルに換算する必要はありません。推理小説で言えば、ミスリードです。

　両国の1985年を基準にしているのですから、両国の通貨のまま比べればよいのです。

　せっかくなので、先ほどの医療費増加を、日本は円、アメリカはドルを基準に比較してみましょう。

　いかがでしょうか。日本のほうが、医療費増加をしっかり抑制していますね。

	日本	アメリカ
1985年	100	100
1986年	106	108
1987年	113	117
1988年	118	129
1989年	123	143
1990年	129	160
1991年	137	178
1992年	146	192
1993年	152	212
1994年	161	224

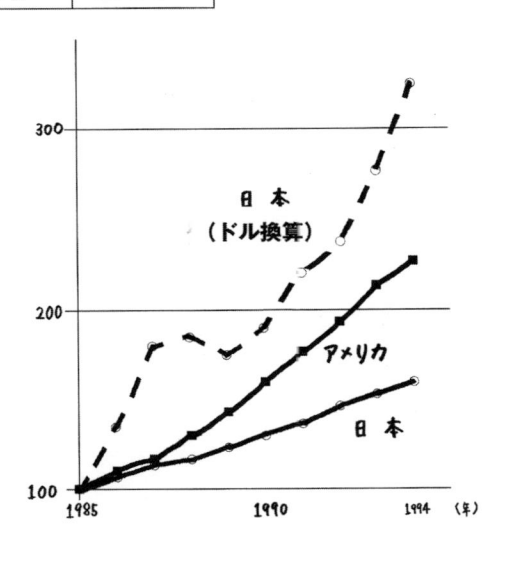

第6章 数字はウソをつかないが、ウソつきは数字を使う

THINK! 見方を変えれば、数字のウソに気付く

　前ページのグラフで一件落着……と言いたいところですが、実はまだ正しいデータとは言えません。
　なぜなら、円とドル、つまり日本とアメリカを分離して考えているので、両国がその間にどれだけ経済成長したかを考慮する必要があるのです。

　しかし、経済成長率を1つ1つ計算するのは面倒です。どうしたらよいでしょうか。

　物事を比較するには、金額そのものではなく、割合で比べたほうがよいケースがあります。医療費も、ドルだの円だの考えるぐらいなら、両国の国民所得に対する割合で比較したほうがわかりやすいでしょう。
　すると、グラフでわかるように、日本における国民医療費総額の国民所得に対する割合は、この時期5〜7％で安定的に推移しています。一方のアメリカは10％を超えてどんどん増えていきます。
　医療制度を見直さなければならないのは、アメリカのほうだと言えます。

	日本	アメリカ
1985年	6.1%	7.9%
1986年	6.4%	8.2%
1987年	6.4%	8.8%
1988年	6.2%	9.5%
1989年	6.1%	10.4%
1990年	5.9%	11.5%
1991年	5.9%	12.9%
1992年	6.4%	13.4%
1993年	6.6%	14.4%
1994年	6.9%	14.7%

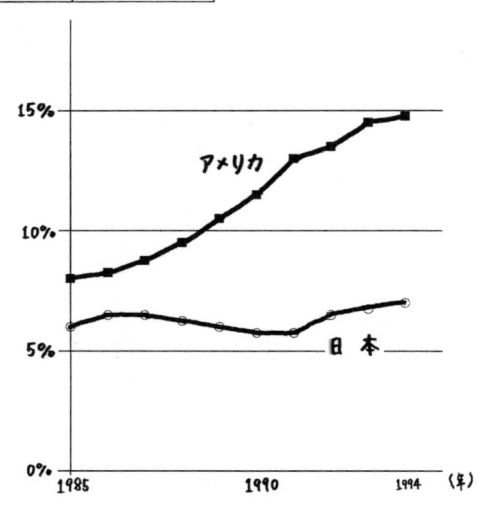

第6章 数字はウソをつかないが、ウソつきは数字を使う

POINT
マッカーサーと吉田茂

　難しい話が続いたので簡単な話をしましょう。「統計の数字に気をつけよう」というエピソードです。

　終戦直後のことです。日本を占領していたGHQ（連合国軍最高司令官総司令部）のダグラス・マッカーサーのもとに、吉田茂がお願いにやって来ました。
　「深刻な食糧危機です。今すぐ**450万トンの食糧**を輸入しなければ、100万人の餓死者が出てしまいます。」
　「それは大変！」と、マッカーサーは慌てましたが、70万トンの占領軍食糧を提供するのが精一杯でした。試算の6分の1です。
　ところが結局、飢餓は起きませんでした。
　マッカーサーが「日本の統計はいい加減で困る」と文句を言ったところ、吉田茂がこう切り返しました。
　「日本の統計が正確なら、あんな無茶な戦争はしませんよ。」
　戦前の政治家も、数字にだまされていたようです。

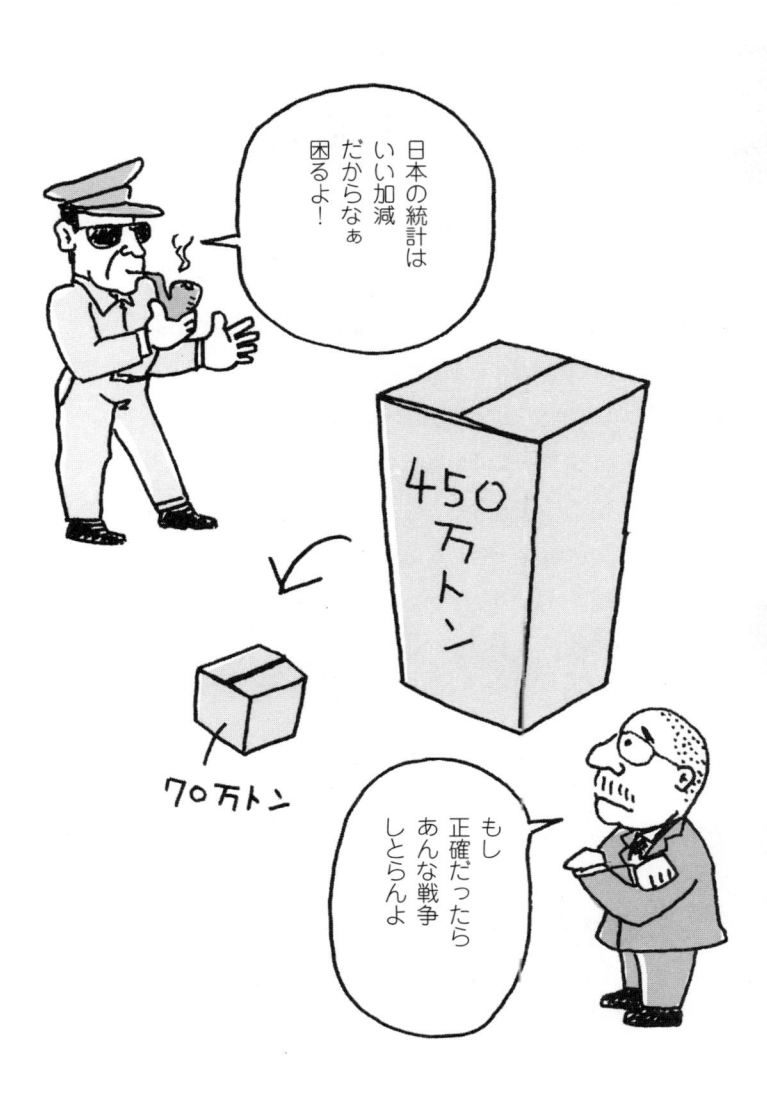

第6章 数字はウソをつかないが、**ウソつきは数字を使う**

POINT

年率と年平均にだまされるな！

　年率と年平均は、似ているようでちょっと違います。この違いを知らないと、大変な損をすることがあります。

　たとえば200万円を投資ファンドで3年間運用したとします。**「年率リターン10％」**のファンドAと、最近3年間の**「年平均リターン10％」**のファンドBではどのように違ってくるでしょうか。

　ファンドAは年率リターン10％ですから、複利計算で1.1倍ずつ増えていきます。

```
200万×(1+0.1)×(1+0.1)×(1+0.1)
=266.2万円
```

　ファンドBが謳う年平均リターン10％は、平均が10％でありさえすればよいので、たとえば3年間のリターンが、-50％、+40％、+40％だとします。このときの年平均は、

```
(-50+40+40)÷3=10％
```

で、たしかに10％になっています。しかし、200万円は、

```
200万×(1-0.5)×(1+0.4)×(1+0.4)
=196万円
```

となり、元本割れで赤字になってしまいます。このとき、年率10%とは約70万円もの差になります。

ファンドA：年率リターン10%

200万×(1+0.1)×(1+0.1)×(1+0.1)

＝266.2万円

70万円の差！

ファンドB：年平均リターン10%

200万×(1-0.5)×(1+0.4)×(1+0.4)

＝196万円

POINT 割合の盲点

　割合を使うときにも注意が必要です。
　2006年のサッカーW杯、日本戦の中継で、アナウンサーがこう話していました。

「フィールド上の選手11人がいつもより10%多くの力を出せば、全体で110%の力が増えます！」

　残念ですが、そんなに増えません。**全体の増加分もやはり10%です。**

　また、アメリカ海軍のPRで、こんなキャンペーンがありました。

「海軍の死亡率は0.9%、ニューヨーク市民の死亡率は1.6%です。海軍のほうが死亡率が低いのです。みなさん、海軍に入りましょう！」

　どこがおかしいかわかりますか？
　海軍は健康な男子の死亡率、**ニューヨーク市民は老人や病気の方も含めた死亡率**です。ニューヨーク市民の死亡率のほうが高いのは、当たり前なのです。

10％ずつUPなら、全体でも10％UP

第6章 数字はウソをつかないが、**ウソつきは数字を使う**

POINT
必勝神話はあてにならない

　プロ野球などスポーツの世界では、たまに「必勝神話」が話題になります。

　たとえば、「Ａ選手がホームランを打つと、その試合は100％勝つ」という神話が生まれることがあります。
　その神話を裏付けるデータが10試合ぐらいあると、Ａ選手はまるでチームリーダーのようにもてはやされます。マスコミも神話を取り上げ、ファンも大きな声援を送るようになります。

　でも実際のＡ選手は、それほどの選手ではないことがあります。
　つまり、「Ａ選手ですらホームランを打てるような投手が相手だから、勝って当たり前」という可能性もあるのです。
　必勝神話はあてになりません。でも人間は、100％と聞くとつい神格化してしまいます。

必勝神話は、信じたい人が作る

第6章 数字はウソをつかないが、ウソつきは数字を使う

第7章

絶妙な数字

それでも計算が速くなりたい

POINT
計算は、速くなくても大丈夫。でも……

　数字のセンスと計算力は、直接関係しません。
　数字のセンスをつかめれば、計算は速くなくても大丈夫だと私は思っています。

　しかし、**それでも「計算が速くなりたいんだ！」**という方は、この章で挙げる技法に目を通してください。

　全て覚える必要はありません。
　面白そうだと感じたものを使ってみるだけで、計算は速くなっていきます。
　技法は、小学校で学ぶ一般的なものから、極めて特殊なものまで揃えてあります。人によっては、すでに意識せずに実践しているものもあるでしょう。
　また、1つの計算式に対して複数の技法が有効な場合があります。そのときは、自分にとってわかりやすいものを優先してください。
　大切なのは計算に振り回されないことです。

即、計算してみたい！

東京23区の各区に
27カ所ずつ
ポイントを設けたいんだ

621カ所
ですね！

第7章 それでも**計算**が**速く**なりたい

POINT 足し算は引き算で考える

まずは計算の初歩から。368＋197は、そのまま計算せずに、次のように考えるとラクに計算できます。

$$368+197=368+200-3$$
$$=568-3$$
$$=565$$

このように、**キリのよい数を足してから引き算で求める**と、簡単に暗算できます。

この考え方を応用すると、1997＋3988は、次のように計算できます。

$$1997+3988=(2000-3)+(4000-12)$$
$$=6000-15$$
$$=5985$$

練習問題

(1) 54＋98

(2) 307＋296

(3) 1234＋6789

答え

(1) $54 + 98 = 54 + 100 - 2$

$= 154 - 2$

$= 152$

(2) $307 + 296 = 307 + 300 - 4$

$= 607 - 4$

$= 603$

(3) $1234 + 6789 = 1234 + 6800 - 11$

$= 8034 - 11$

$= 8023$

POINT

引き算は足し算で考える

繰り下がりのある引き算は、足し算で計算します。

たとえば3800 − 398を計算するときは、次のように考えます。

3800−398＝3800−400＋2
　　　　＝3400＋2
　　　　＝3402

このように、**先にキリのよい数を引いてから、足し算で微調整する**と、簡単に計算できます。

練習問題

(1) 90−38

(2) 704−495

(3) 8642−3579

答え

(1) $90 - 38 = 90 - 40 + 2$

$= 50 + 2$

$= 52$

(2) $704 - 495 = 704 - 500 + 5$

$= 204 + 5$

$= 209$

(3) $8642 - 3579 = 8642 - 3600 + 21$

$= 5042 + 21$

$= 5063$

足し算と引き算は左から計算する

　小学校では普通、足し算や引き算は一の位から計算すると習うはずです。しかし、**計算の速い人間は左から（大きな位から）計算します。**

　たとえば4754＋3179ならば、次のように考えます。

> ① 千の位は4＋3＝7なので、答えは「7千……」から始まるとわかる。
> ② 百の位は7＋1＝8なので、答えは「7千8百……」と続く。
> ③ 十の位は5＋7＝12なので、先ほど求めた百の位に1繰り上がる。答えは「7千9百2十……」と続く。
> ④ 一の位は4＋9＝13なので、先ほど求めた十の位に1繰り上がる。答えは「7933」になる。

　計算の基本は「一の位から」です。しかし、一の位から計算して答えを千の位から言うのは、逆の作業になるため、暗算しづらくなります。

　慣れれば、引き算も左から計算できるようになります。

　暗算するなら「左から」がオススメです。

練習問題

◆ (1) 536+348
(2) 1457+2389
(3) 3483+5708

▲ (1) 884
(2) 3846
(3) 9191

第7章 それでも**計算が速く**なりたい

POINT
瞬時に5倍する/5で割る方法

　34×5のような、**5倍する計算は、末尾に0を付け足してから2で割ります。**

　　34×5＝340÷2
　　　　＝170

　これは、「×5」が「×10÷2」と等しくなることを利用しています。

　逆に、720÷5のような、**5で割る計算は、末尾の0をとって2倍**します。

　　720÷5＝72×2
　　　　　＝144

　これは、「÷5」が「÷10×2」と等しくなることを利用しています。

練習問題

(1) 38×5　　(4) 60÷5
(2) 160×5　　(5) 4300÷5
(3) 3780×5　　(6) 12600÷5

答え

(1) 38 × 5 = 380 ÷ 2
　　　　　= 190

(2) 160 × 5 = 1600 ÷ 2
　　　　　　= 800

(3) 3780 × 5 = 37800 ÷ 2
　　　　　　　= 18900

(4) 60 ÷ 5 = 6 × 2
　　　　　= 12

(5) 4300 ÷ 5 = 430 × 2
　　　　　　　= 860

(6) 12600 ÷ 5 = 1260 × 2
　　　　　　　　= 2520

POINT

瞬時に11倍する方法

42×11のような11倍する計算は、10倍してから、もとの数（42）を足します。

42×11＝42×10＋42
　　　＝420＋42
　　　＝462

この考え方を応用すると、23×41は次のように計算できます。

23×41＝23×40＋23
　　　＝920＋23
　　　＝943

練習問題

(1) 26×11
(2) 170×11
(3) 12×51

答え

(1) $26 \times 11 = 26 \times 10 + 26$

$= 260 + 26$

$= 286$

(2) $170 \times 11 = 170 \times 10 + 170$

$= 1700 + 170$

$= 1870$

(3) $12 \times 51 = 12 \times 50 + 12$

$= 600 + 12$

$= 612$

よく見て分解する

　計算を手っ取り早くしようと思ったら、まずその式をじっくり見ることです。急がば回れ、です。

　たとえばかけ算の式の中に、「2×5」が隠れているのを見つけたら、分解して計算します。

　2×5＝10から、この後の計算がとてもラクになります。

　14×25の中にも隠れています。わかりますか？

　14は7×2に分解できるので、7を置いておいて、先に2×25を計算します。

$$14×25=7×2×25$$
$$=7×50$$
$$=350$$

練習問題

(1) 8×35
(2) 18×15
(3) 12×45

答え

(1) $8 \times 35 = 4 \times 2 \times 35$

$= 4 \times 70$

$= 280$

(2) $18 \times 15 = 9 \times 2 \times 15$

$= 9 \times 30$

$= 270$

(3) $12 \times 45 = 6 \times 2 \times 45$

$= 6 \times 90$

$= 540$

POINT

キリよく2段階に切り替える

630÷35を暗算するのに、35で一気に割るのは大変です。1桁で割るのは難なくできるけれど、2桁以上になると、暗算はムリ……という方がほとんどでしょう。

そこで、35が7×5であることを利用して、まずは7で割り、次に5で割るように、2段階に切り替えると計算しやすくなります。

630÷35＝630÷7÷5
　　　　＝90÷5
　　　　＝18

普段から、「どうすれば計算しやすくなるだろう」と意識することで、必要なときにサッと数字が出てくるようになります。

練習問題

(1) 160÷32

(2) 490÷35

(3) 6000÷15

答え

(1) $160 \div 32 = 160 \div 8 \div 4$
$= 20 \div 4$
$= 5$

(2) $490 \div 35 = 490 \div 7 \div 5$
$= 70 \div 5$
$= 14$

(3) $6000 \div 15 = 6000 \div 3 \div 5$
$= 2000 \div 5$
$= 400$

POINT

かけ算は因数分解する

　中学で因数分解を学習する際、展開の公式として、$(a+b)(a-b)=a^2-b^2$ を学びます。

　これは、何も皆さんを苦しめるための公式ではありません。

　たとえば43×37の計算では43が（40＋3）、37が（40－3）であることに着眼し、先ほどの公式を利用します。

$$
\begin{aligned}
43 \times 37 &= (40+3) \times (40-3) \\
&= 40^2 - 3^2 \\
&= 1600 - 9 \\
&= 1591
\end{aligned}
$$

　ポイントとなる「a」「b」にあたる数を見抜けたら、後はカンタンです。

練習問題

　　(1) 21×19
　　(2) 32×28
　　(3) 83×77

<u>答え</u>

(1) $21 \times 19 = (20+1) \times (20-1)$

$\qquad = 20^2 - 1^2$

$\qquad = 400 - 1$

$\qquad = 399$

(2) $32 \times 28 = (30+2) \times (30-2)$

$\qquad = 30^2 - 2^2$

$\qquad = 900 - 4$

$\qquad = 896$

(3) $83 \times 77 = (80+3) \times (80-3)$

$\qquad = 80^2 - 3^2$

$\qquad = 6400 - 9$

$\qquad = 6391$

POINT 瞬時に□5×□5を計算する

　ちょっと特殊な計算方法です。2桁のかけ算のうち、**一の位がどちらも5で、十の位が同じときに使います。**

　35×35で説明します。

> ① 一の位に注目すると5×5＝25なので、35×35の下2桁は25になる。
> ② 十の位に注目するとどちらも3なので、3と、3よりも1多い4とを掛け合わせる（3×4＝12）。
> ③ その12を25の前に置くと、答えは1225になる。

　これは、一の位を足すと10で、十の位が同じなら、**どんな式でも成り立ちます。**78×72は次のようになります。

> ① 一の位に注目すると8×2＝16なので、78×72の下2桁は16になる。
> ② 十の位に注目するとどちらも7なので、7と、7よりも1多い8とを掛け合わせる（7×8＝56）。
> ③ その56を16の前に置くと、答えは5616になる。

練習問題

(1) 45×45
(2) 85×85
(3) 63×67

答え

(1) 45 × 45 = 2025

(2) 85 × 85 = 7225

(3) 63 × 67 = 4221

式の説明は、巻末付録にあります。

POINT
かけ算は上げて下げる

　かけ算の暗算は、**一方を上げて他方を下げる**（一方を◯倍して、もう一方を◯で割る）とカンタンになる場合があります。

　たとえば、24×12なら、どちらかが1桁になれば計算しやすくなるので、24を2倍して12を2で割ります。あるいは、24を3倍して12を3で割ります。どちらでもかまいません。24を4倍して12を4で割っても大丈夫です。計算しやすそうな数字を、その都度判断します。

$$\overset{\times 3 \uparrow}{24} \times 12_{\downarrow \div 3} = (24 \times 3) \times (12 \div 3)$$
$$= 72 \times 4$$
$$= 288$$

　これは、一方を何倍かして他方を同じ数で割っても、かけ算の答えが変わらないことを利用しています。

練習問題

(1) 27×4

(2) 14×12

(3) 24×35

答え

(1) $27 \times 4 = {}^{\times 2\uparrow}27 \times 4_{\downarrow \div 2}$

$= (27 \times 2) \times (4 \div 2)$

$= 54 \times 2$

$= 108$

(2) $14 \times 12 = {}^{\times 3\uparrow}14 \times 12_{\downarrow \div 3}$

$= (14 \times 3) \times (12 \div 3)$

$= 42 \times 4$

$= 168$

(3) $24 \times 35 = {}^{\times 5\uparrow}24 \times 35_{\downarrow \div 5}$

$= (24 \times 5) \times (35 \div 5)$

$= 120 \times 7$

$= 840$

第7章 それでも計算が速くなりたい

POINT

割り算は同時に下げる

割り算の暗算は、**先に2つの数を同時に下げておく（割る）**とカンタンになります。

たとえば108÷18なら、18を1桁の整数にするため、108も18も2で割ります。

$$_{\div2\downarrow}108\div18_{\downarrow\div2}=(108\div2)\div(18\div2)$$
$$=54\div9$$
$$=6$$

これは、両方の数を同じ数で割れば割り算の答えが変わらないことを利用しています。分数の約分と同じ原理です。

練習問題

(1) 112÷16
(2) 126÷14
(3) 14400÷18

答え

(1) $112 \div 16 = $ ÷2↓ $112 \div 16$ ↓÷2

$\qquad = (112 \div 2) \div (16 \div 2)$

$\qquad = 56 \div 8$

$\qquad = 7$

(2) $126 \div 14 = $ ÷2↓ $126 \div 14$ ↓÷2

$\qquad = (126 \div 2) \div (14 \div 2)$

$\qquad = 63 \div 7$

$\qquad = 9$

(3) $14400 \div 18 = $ ÷2↓ $14400 \div 18$ ↓÷2

$\qquad = (14400 \div 2) \div (18 \div 2)$

$\qquad = 7200 \div 9$

$\qquad = 800$

POINT
割り算は桁を同時に落とす

600兆÷1200億をすぐに計算できますか？
0が多いので、電卓を使っても面倒ですね。

このような場合、まず**漢字部分を変換**します。
兆→億、億→万、万→消去と、桁を落とします。

600兆÷1200億＝600億÷1200万
　　　　　　　＝600万÷1200

漢字の変換が終わったので、**0を同じ数だけ消します**。
これは小学校で習ったはずです。
600万÷1200 ＝6万÷12
　　　　　　＝60000÷12
　　　　　　＝5000

これなら電卓でも0の数を間違えることはありません。

練習問題

(1) 250億÷5万

(2) 4000兆÷50億

(3) 420兆÷600億

答え

(1) 250億 ÷ 5万 = 250万 ÷ 5

　　　　　　　= 50万

(2) 4000兆 ÷ 50億 = 4000億 ÷ 50万

　　　　　　　　= 400̸0万 ÷ 5̸0

　　　　　　　　= 400万 ÷ 5

　　　　　　　　= 80万

(3) 420兆 ÷ 600億 = 420億 ÷ 600万

　　　　　　　　 = 420万 ÷ 600

　　　　　　　　 = 4200000̸0̸ ÷ 60̸0̸

　　　　　　　　 = 7000

POINT

共通の友人を連れてくる

180÷15を暗算するときは、そのまま計算せずに、**暗算しやすくなるような数を連れてきます。**

> 180÷15＝180÷60×60÷15

このように、180と15の間に「÷60」と「×60」を持ってきても、答えは変わりません。

180÷15＝180÷60×60÷15
　　　＝(180÷60)×(60÷15)
　　　＝3×4
　　　＝12

理解できた人は、ちょっと意識するだけで実践できるようになります。意外と応用できる技法です。

練習問題

(1) 210÷14
(2) 810÷15
(3) 600÷25

答え

(1) $210 \div 14 = 210 \div 70 \times 70 \div 14$

$\qquad = (210 \div 70) \times (70 \div 14)$

$\qquad = 3 \times 5$

$\qquad = 15$

(2) $810 \div 15 = 810 \div 90 \times 90 \div 15$

$\qquad = (810 \div 90) \times (90 \div 15)$

$\qquad = 9 \times 6$

$\qquad = 54$

(3) $600 \div 25 = 600 \div 100 \times 100 \div 25$

$\qquad = (600 \div 100) \times (100 \div 25)$

$\qquad = 6 \times 4$

$\qquad = 24$

巻末付録

絶妙な数字

もっと知りたい
あなたに

POINT
「なぜ、そうなるのか」を知る

　これまで、数学がキライなあなたのために、極力難しい理論や数式を省いて、数への苦手意識を払拭できるように、述べてきました。

　ただ、その中でも、「なぜ、そうなるのか」がわからないと、読者の皆さんが読んでいて不完全燃焼されるかと思われた箇所について、これから数式などを盛り込んで、説明していきます。

　数字で考えられるようになったけれど、難しそうな数学はやっぱり避けたい、という方は、読まなくても結構です。

THINK! ベイズ推定 (p.44)

女の子の生まれる確率をpとする。

$0 \leq p \leq 1$ より、 $p = \frac{k}{n}$ ($0 \leq k \leq n$、$k \in Z$) と表せる。

このとき、2回連続で女の子が生まれる確率はp^2となる。

ここで、$n(p) = ap^2$とすると、その総和Nは、

$$N = \sum_{k=0}^{n} a\left(\frac{k}{n}\right)^2$$ と表せる。

また、確率が$\frac{k}{n}$である確率は $\frac{n\left(\frac{k}{n}\right)}{N}$ と表せるので、

次の子が女の子である確率は、$\frac{n\left(\frac{k}{n}\right)}{N} \times \frac{k}{n}$ と表せる。

よって、$\frac{0}{n}$、$\frac{1}{n}$、$\frac{2}{n}$、$\frac{3}{n}$ ……、$\frac{n}{n}$である確率を全て足すと、

$$\sum_{k=0}^{n} \frac{n\left(\frac{k}{n}\right)}{N} \times \frac{k}{n} = \frac{3}{4}\left(1 + \frac{1}{2n+1}\right)$$

nは大きな値なので、

$$\lim_{n \to \infty} \frac{3}{4}\left(1 + \frac{1}{2n+1}\right) = \frac{3}{4} \quad \to 75\%$$

巻末付録 もっと知りたいあなたに

THINK!　振り子の等時性 (p.46)

ひもの長さをLとすると、振り子の周期Tは、次のように表せる。

$$T = 2\pi\sqrt{\frac{L}{g}}$$
（π：円周率、g：動力加速度）

この式に、T＝2.0を代入して計算すると、

$$L = \frac{g}{\pi^2}$$
$$\fallingdotseq 1.0$$

THINK!　フランスのかけ算 (p.50)

5より大きい2つの数を、x、yとする（$5 < x < 10$、$5 < y < 10$）

このとき、立っている指の数はそれぞれ、$x-5$、$y-5$と表せる。

また、折っている指の数はそれぞれ、$10-x$、$10-y$と表せる。

$$10 \times \{(x-5)+(y-5)\} + (10-x) \times (10-y)$$
$$= (10x + 10y - 100) + (100 - 10x - 10y + xy)$$
$$= xy$$

THINK! 13日の金曜日 (p.52)

1月13日は1月1日から数えて13日目
　　→13÷7＝1…6より、1月6日と同じ曜日
2月13日は1月1日から数えて44日目
　　→44÷7＝6…2より、1月2日と同じ曜日
3月13日は1月1日から数えて72日目
　　→72÷7＝10…2より、1月2日と同じ曜日
4月13日は1月1日から数えて103日目
　　→103÷7＝14…5より、1月5日と同じ曜日
5月13日は1月1日から数えて133日目
　　→133÷7＝19より、1月7日と同じ曜日
6月13日は1月1日から数えて164日目
　　→164÷7＝23…3より、1月3日と同じ曜日
7月13日は1月1日から数えて194日目
　　→194÷7＝27…5より、1月5日と同じ曜日
8月13日は1月1日から数えて225日目
　　→225÷7＝32…1より、1月1日と同じ曜日
9月13日は1月1日から数えて256日目
　　→256÷7＝36…4より、1月4日と同じ曜日
10月13日は1月1日から数えて286日目
　　→286÷7＝40…6より、1月6日と同じ曜日

巻末付録 もっと知りたいあなたに

11月13日は1月1日から数えて317日目
　→317÷7＝45…2より、1月2日と同じ曜日
12月13日は1月1日から数えて347日目
　→347÷7＝49…4より、1月4日と同じ曜日

以上より、1月1日～1月7日のすべての日と対応しているので、13日の金曜日は毎年やって来ると言える。なお、うるう年の場合も、同様に計算することで示せる。

THINK! □5 × □5 （p.178）

ある数の十の位をxとする（xは1桁の自然数）。

　$(10x+5) \times (10x+5)$
$= 100x^2 + 100x + 25$
$= 100x(x+1) + 25$

THINK! 黄金比 (p.98)

黄金比は方程式 $x^2-x-1=0$ の解なので、

$$x^2-x-1=0 \Leftrightarrow x = 1+\frac{1}{x}$$

$$= 1+\cfrac{1}{1+\cfrac{1}{x}}$$

$$= 1+\cfrac{1}{1+\cfrac{1}{1+\cfrac{1}{x}}}$$

$$= 1+\cfrac{1}{1+\cfrac{1}{1+\cfrac{1}{1+\cfrac{1}{1+\cdots\cdots}}}}$$

$$x^2-x-1=0 \Leftrightarrow x = \sqrt{1+x} \quad (\because x>0)$$

$$= \sqrt{1+\sqrt{1+x}}$$

$$= \sqrt{1+\sqrt{1+\sqrt{1+x}}}$$

$$x = \sqrt{1+\sqrt{1+\sqrt{1+\sqrt{1+\cdots\cdots}}}}$$

巻末付録 もっと知りたいあなたに

■著者略歴
村上綾一（むらかみ りょういち）
株式会社エルカミノ代表取締役。巣鴨高校卒。早稲田大学商学部卒。大学卒業後、大手進学塾に勤務し最上位コースを指導。退社後は株式会社エルカミノを設立し、出版、教育事業を行う。教育部門『理数系専門塾エルカミノ』では直接授業も担当し、生徒を東大・御三家中・数学オリンピック（算数オリンピック）へ多数送り出している。また、パズル作家としても活動している。
2008年公開映画デスノート『L change the WorLd』で数理トリックの制作を担当。

― ご意見をお聞かせください ―

ご愛読いただきありがとうございました。本書の読後感想・御意見等を愛読者カードにてお寄せください。また、読んでみたいテーマがございましたら積極的にお知らせください。今後の出版に反映させていただきます。

☎ (03) 5395-7651
FAX (03) 5395-7654
mail:asukaweb@asuka-g.co.jp

絶妙な「数字で考える」技術

| 2008年2月11日 | 初版発行 |
| 2008年3月11日 | 第8刷発行 |

著　者　村上　綾一
発行者　石野　栄一

〒112-0005　東京都文京区水道2-11-5
電話 (03) 5395-7650（代表）
　　 (03) 5395-7654（FAX）
郵便振替 00150-6-183481
http://www.asuka-g.co.jp

明日香出版社

■スタッフ■　編集　早川朋子／藤田知子／小野田幸子／金本智恵／末吉喜美／久松圭祐
営業　小林勝／渡辺久夫／奥本達哉／平戸基之／野口優　関西支社　浜田充弘／関山美保子
M部　古川創一　経理　須金由貴

印刷	株式会社文昇堂
製本	根本製本株式会社
ISBN978-4-7569-1158-2　C2036	

乱丁本・落丁本はお取り替えいたします。
© Ryoichi Murakami 2008 Printed in Japan
編集担当　藤田知子

絶妙な手帳メモの技術

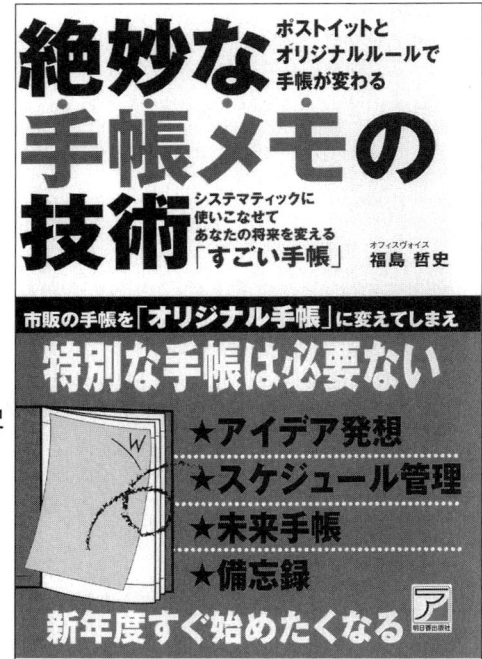

福島　哲史
定価（税込）1365円
B6並製　216ページ
ISBN4-7569-0919-1
2005/11発行

どんな手帳もポストイットとこのメモ術でオリジナル究極手帳に！夢実現手帳、スケジュール管理、アイデア発想そのほかもろもろがいっぺんにできる！
15年前に発行した元祖手帳術の本『究極の手帳術』の著者が画期的な手帳システムを再公開。
ＩＴ全盛の時代にも、必要なのは柔らか頭と合理的なシステムです。
ズボラな人にぴったり！

絶妙な「速読」の技術

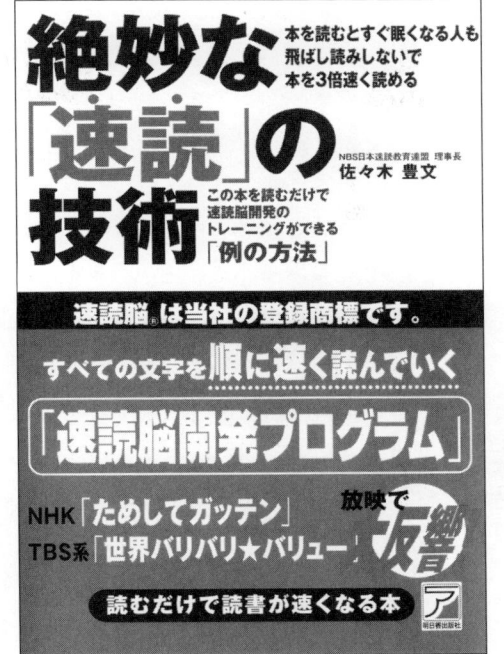

佐々木　豊文

定価（税込）1365円
B6並製　256ページ
ISBN4-7569-0918-3
2005/10発行

拾い読み・飛ばし読みではないすべての文字を順に読んでいく高速理解を手に入れる。トレーニングを行ない、読書速度を高めるだけでなく、右脳の潜在能力を引き出し、集中力等をアップさせる

絶妙な「叱り方」の技術

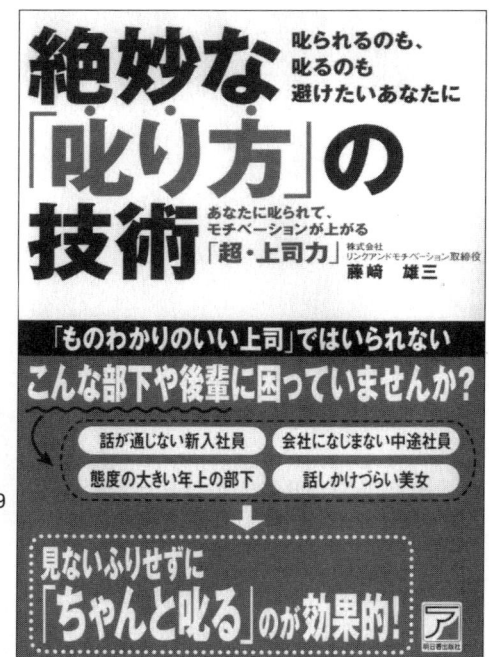

藤崎　雄三
定価（税込）1365円
B6並製 192ページ
ISBN978-4-7569-1076-9
2007/4発行

定着しづらい新入社員。会社になじみにくい中途社員。なるべく波風を立たせずに接したいところだが、注意するべき時も多々ある。「ものわかりのいい上司」ではいられない。

絶妙な「聞き方」の技術

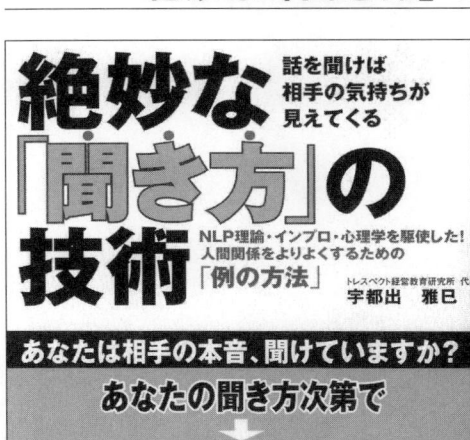

宇都出　雅巳
定価（税込）1365円
Ｂ6並製 184ページ
ISBN4-7569-1020-3
2006/10発行

NLPや心理学を基に著者が考案した6つの「聴く技術」。「うなずく」「あいづちを打つ」といった表層的なテクニックに走らず、「聴く」ということの核心に迫ります。ビジネスはもちろん、すべての人間関係に通用する「聴き方」です。

絶妙な「段取り」の技術

著：吉山　勇樹
監修：ヒューマンデザインオーソリティ

定価（税込）1365円
B6並製 184ページ
ISBN978-4-7569-1058-5
2007/10発行

机の上が片付かない、仕事もあっちいったりこっち行ったりの「片付けられない」ビジネスマンたちに段取りの心得と技術を伝えることでパフォーマンスを上げる。